"十二五"职业教育国家规划教材

经全国职业教育教材审定委员会审定

高职高专院校机电类专业规划教材

液压与气动技术

主　编　牟志华　贾祥云

副主编　张海军　刘加利　孙在松

中国铁道出版社有限公司

CHINA RAILWAY PUBLISHING HOUSE CO., LTD.

内 容 简 介

本书以高等职业教育的实际要求为依据，以切实培养和提高职业院校机电类专业学生的专业技能为目的，突出实用性和针对性。编者不拘泥于理论研究，注重对液压与气动技术的理解及实际应用。对于重点能力点及知识点，均配备相应的实践教学任务，实践任务实施可借助二维码查看，强化学生的动手操作能力及团队协作意识。

本书共五个项目，主要包括液压传动基础知识、液压系统组成元件、液压基本回路及典型应用、液压传动系统设计与计算及气压传动。

本书适合作为高职高专院校机电一体化技术、电气自动化技术、机械制造及自动化等相关专业的教材，也可作为相关专业工程技术人员的参考用书。

图书在版编目 (CIP) 数据

液压与气动技术/牟志华，贾祥云主编. —3 版. —北京：
中国铁道出版社有限公司, 2020.9
"十二五"职业教育国家规划教材　经全国职业教育
教材审定委员会审定
ISBN 978-7-113-26776-6

Ⅰ. ①液… Ⅱ. ①牟… ②贾… Ⅲ. ①液压传动-高等职业
教育-教材②气压传动-高等职业教育-教材 Ⅳ. ①TH137
②TH138

中国版本图书馆 CIP 数据核字 (2020) 第 103015 号

书　　名：**液压与气动技术**

作　　者：牟志华　贾祥云

策　　划：祁　云　　　　　　　　　读者热线：(010) 63549458

责任编辑：祁　云　钱　鹏

封面设计：付　巍

封面制作：刘　颖

责任校对：张玉华

责任印制：樊启鹏

出版发行：中国铁道出版社有限公司 (100054，北京市西城区右安门西街 8 号)

网　　址：http://www.tdpress.com/51eds/

印　　刷：北京柏力行彩印有限公司

版　　次：2010 年 3 月第 1 版　2020 年 9 月第 3 版　2020 年 9 月第 1 次印刷

开　　本：787 mm×1 092 mm　1/16　印张：15.75　字数：330 千

书　　号：ISBN 978-7-113-26776-6

定　　价：49.80 元

第三版前言

《液压与气动技术》一书是 2009 年 5 月本着教育部高职高专自动化技术类教学指导委员会行动导向教学工作研讨会会议精神编写的。教材编写突出高职高专教学特点，注重学生理论知识的实际运用，重点培养学生的实践操作能力。本书第一版、第二版自出版以来，已在多所职业院校得到使用，并受到广大师生的好评与欢迎。此次改版主要目的是突出其特点，弥补其不足，开发信息化技术应用的新形态一体化教材。

本书是在第二版教材的基本框架和基本内容的基础上进行修改的。本次修订主要是借助先进的网络二维码技术，结合省级精品课程资源建设，在书中进行了信息化资源的补充，完善了工作任务的操作步骤。在项目的具体实施中学生可扫码查看项目案例视频，使项目实施更具体，提高学生学习兴趣和效率。通过扫码查看一些元件的结构动画，增强学生对知识的直观感受。修订后的教材融"教、学、做"为一体，是信息化技术应用的新形态一体化教材。

本书由牟志华、贾祥云任主编，张海军、刘加利、孙在松任副主编，程麒文、刘成好、田洪芳参与编写。其中，贾祥云负责项目一、项目四的修订，张海军负责项目二的修订，程麒文负责项目三的修订，刘加利负责项目五的修订，本书数字化资源由贾祥云制作，牟志华、贾祥云负责全书的审阅及统稿。本书在修订过程中得到山东海大机器人技有限公司的大力支持和帮助。

虽然编者在本次修订过程中力求严谨和正确，但限于学识水平与能力，书中不足乃至错误在所难免，殷切希望广大读者批评指正。

编　者

2020 年 4 月

第一版前言

本书是根据 2009 年 5 月教育部高职高专自动化技术类教学指导委员会行动导向教学工作研讨会会议精神编写的。在本次会议上，来自全国各个省（自治区、直辖市）多所高校的自动化类院系领导和具有丰富专业教学经验的骨干教师，以及自动化教育界专家对我国当前高职教育发展的形势与挑战进行了充分的讨论，一致认为本系列教材针对学生就业以及社会要求，突出专业特色，注重专业基础知识以及技术应用，培养 21 世纪高素质、高技能人才。

本书对液压与气动技术的知识进行了较为详尽的阐述，对较深的理论分析与计算进行了适当删减，突出了教学研究中的一些成果与特色；编写过程中注重实际常用技术的分析与应用，强化学生的工程意识，培养学生掌握专业理论与解决实际问题的能力。

本书在内容取材及安排上具有以下特点：

⸉ 以培养学生能力为主线，以实际应用为目的，做到用理论指导实践，培养学生解决实际工程问题的能力。

⸉ 注重培养学生对理论知识的运用能力，每个单元的内容均以任务形式出现，对应培养相关的能力目标与知识目标；正文中的知识点大多针对工程实际中遇到的问题，具有很高的工程实用性。

⸉ 注重锻炼学生的实际工作能力，任务配备相关的项目来加深学生对理论知识的理解，任务实施后根据评价表的能力点进行考核，给出优、良、一般等评价，在工作过程中培养学生的团队协作意识及独立学习的能力。

⸉ 本书编写时采用国际通用的图形符号、名词与术语，并利用拓展任务来反映国内外现代液压与气动技术的最新成就和发展趋势。

本书由日照职业技术学院牟志华任第一主编，并编写了项目一中的任务 2 ~ 5；日照职业技术学院张海军任第二主编，编写了项目二中的任务 4；刘加利为副主编，编写了项目五；辛春红为副主编，编写了项目一中的任务 1；刘成好编写了项目二中的任务 1、任务 2；张作状编写了项目三，程麒文编写了项目四，山东水利职业学院的褚彩萍编写了项目二中的任务 3、任务 5。全书由牟志华、张海军统稿并定稿。

作者在编写本书的过程中，得到了日照海大自动化科技有限公司、天津中德职业技术学院、广西轻工职业技术学院、平顶山工业职业技术学院等单位同仁的大力支持，在此表示衷心的感谢！

由于编者水平有限，加上时间仓促，书中的错误以及疏漏在所难免，欢迎广大读者批评指正。

编　者

2010 年 2 月

目 录

全国机电技能大赛就要开始了，液压与气动技术是取胜的关键，得好好训练，迎接挑战！

保证完成任务！

项目一

液压传动基础知识

　　液压传动是以压力油为工作介质来实现各种机械传动和控制的传动方式。它通过利用各种元件组成基本控制回路，再由若干基本控制回路有机组合成能完成一定控制功能的传动系统，以此来进行能量的传递、转换及控制，在工业生产中得到了广泛的应用。

任务一　液压传动系统的认识

任务目标

- 通过液压千斤顶的工作过程掌握液压传动的基本工作原理；
- 了解液压传动的优缺点；
- 了解液压传动的应用与发展。

任务描述

来了解一下液压传动的工作原理！

　　观察、使用液压千斤顶，了解液压系统工作原理及组成部分。

知识与技能

1. 液压传动的工作原理

首先通过生产中经常见到的液压千斤顶来了解液压传动的工作原理，图 1-1 为液压千斤顶的工作原理示意图。由图可知，该系统由举升液压缸和手动液压泵两部分组成：大油缸6、大活塞7、单向阀5和卸油阀9组成举升液压缸，活塞和缸体之间既保持良好的配合关系，又能实现可靠的密封；杠杆手柄1、小活塞2、小油缸3、单向阀4和单向阀5组成手动液压泵。

动画

液压千斤顶

图1-1　液压千斤顶的工作原理示意图

1—杠杆手柄；2—小活塞；3—小油缸；4、5—单向阀；

6—大油缸；7—大活塞；8—重物；9—卸油阀；10—油箱

提起杠杆手柄1使小活塞2向上移动，小活塞2下端密封的油腔容积增大，形成局部真空，这时单向阀5关闭并阻断其所在的油路，而单向阀4打开使其所在油路畅通，油箱10中的液压油就在大气压的作用下通过吸油管道进入并充满小油缸3，完成一次吸油动作；用力压下杠杆手柄1，小活塞2下移，小活塞2下腔容积减小，腔内压力升高，这时单向阀4关闭同时阻断其所在的油路，当压力升高到一定值时，单向阀5打开，小油缸3中的油液经管道输入大油缸6的下腔，由于卸油阀9处于关闭状态，大油缸6中的液压油增多迫使大活塞7向上移动，顶起重物。再次提起杠杆手柄1吸油时，单向阀5自动关闭，使油液不能倒流，从而保证了重物不会自行下落。不断地往复扳动杠杆手柄，就能不断地把油液压入大油缸6下腔，使重物8逐渐地升起。如果打开卸油阀9，大活塞7在其自重和重物8的作用下下移，大油缸6下腔的油液便通过管道流回油箱10中，重物8就向下运动。这就是液压千斤顶的工作原理。

通过对上面液压千斤顶工作过程的分析，可以初步了解到液压传动的基本工作原理：

① 液压传动是利用有压力的液体（液压油）作为传递运动和动力的工作介质；

② 液压传动中要经过两次能量转换，先将机械能转换成油液的液压能，再将油液的液压能转换成机械能；

③ 液压传动是依靠密封容器或密闭系统中密封容积的变化来实现运动和动力的传递。

2. 液压传动的优缺点

（1）优点

① 液压传动装置的质量小、结构紧凑、惯性小。例如，相同功率液压马达的体积为

电动机的 12% ~ 13% 。液压泵和液压马达单位功率的质量指标目前是发电机和电动机的 1/10，液压泵和液压马达可低至 0.002 5 N/W（牛/瓦），发电机和电动机则约为 0.03 N/W（牛/瓦）。

② 利用液压传动可以方便灵活地布置传动机构。例如，在井下抽取石油的泵可采用液压传动来驱动，由于液压传动使用油管连接，所以借助油管的连接可以方便灵活地布置传动机构，克服长驱动轴效率低的缺点。

③ 可在大范围内实现无级调速。借助阀或变量泵、变量马达，可以实现无级调速，调速范围可达 1：2 000，并可在液压装置运行的过程中进行调速。

④ 传递运动均匀平稳，负载变化时速度较稳定。正因为此特点，金属切削机床中的磨床的传动系统现在几乎都采用液压传动。

⑤ 液压装置易于实现过载保护。液压系统中采取了很多安全保护措施，如溢流阀、蓄能器等，能够自动防止过载，避免发生事故。

⑥ 液压传动容易实现自动化。液压系统中，液体的压力、流量和方向是非常容易控制的，再加上电气装置的配合，很容易实现复杂的自动工作循环。

⑦ 液压元件已实现了标准化、系列化和通用化，便于设计、制造和推广使用。

（2）缺点

① 液压系统中由于油液渗漏、油液的可压缩性等因素，影响运动的平稳性和正确性，使得液压传动不能保证严格的传动比。

② 液压传动对油温的变化比较敏感，温度变化时，液体黏性变化，引起运动特性的变化，使得工作的稳定性受到影响，所以它不宜在温度变化很大的环境条件下工作。

③ 为了减少泄漏，以及满足某些性能上的要求，液压元件的配合件制造精度要求较高，加工工艺较复杂。

④ 液压传动要求有单独的动力源，不像电源那样方便使用。

⑤ 液压系统故障不易检查和排除。

总之，液压传动的优点是主要的，随着设计制造和使用水平的不断提高，有些缺点正在逐步克服，液压传动有着广泛的发展前景。

3. 液压传动的应用

液压系统中驱动机械运动的机构以及传动和操纵装置有多种形式。根据所用的部件和零件分类，可分为机械的、电气的、气动的、液压的传动装置。经常还将不同形式的装置组合起来运用。由于液压传动具有很多优点，所以这种新技术发展得很快。

液压传动在各类机械行业中的应用情况如表1-1所示。

表1-1 液压传动在各类机械行业中的应用情况

行业名称	应用场所举例
工程机械	挖掘机、装载机、推土机、压路机、铲运机等
起重运输机械	汽车吊、港口龙门吊、叉车、装卸机械、传送带运输机械等
矿山机械	凿岩机、开掘机、开采机、破碎机、提升机、液压支架等
建筑机械	打桩机、液压千斤顶、平地机等
农业机械	联合收割机、拖拉机、农具悬挂系统等
冶金机械	电炉炉顶及电极升降机、轧钢机、压力机等
轻工机械	打包机、注塑机、校直机、橡胶硫化机、造纸机等
汽车工业	自卸式汽车、平板车、高空作业车、汽车中的转向器、减震器等
智能机械	折臂式小汽车装卸器、数字式体育锻炼机、模拟驾驶舱、机器人等

4. 液压传动的发展

自18世纪末英国制成世界上第一台水压机算起，液压传动技术已有二三百年的历史。直到20世纪30年代它才较普遍地用于起重机、机床及工程机械。在第二次世界大战期间，由于战争需要，出现了由响应迅速、精度高的液压控制机构所装备的各种军事武器。第二次世界大战结束后，液压技术迅速转向民用工业，液压技术不断应用于各种自动装置及自动生产线。

20世纪60年代以后，液压技术随着原子能、空间技术、计算机技术的发展而迅速发展。因此，液压传动真正的发展也只是近四五十年的事。当前液压技术正向高速、高压、大功率、高效、低噪声、经久耐用、高度集成化的方向发展。同时，新型液压元件和液压系统的计算机辅助设计（CAD）、计算机辅助测试（CAT）、计算机直接控制（CDC）、机电一体化技术、可靠性技术等方面也是当前液压传动及控制技术发展和研究的方向。

我国的液压技术最初应用于机床和锻压设备上，后来又应用于拖拉机和工程机械。现在，我国已经从国外进口了一些液压元件，引进了先进的生产技术并且进行自行设计，已经形成了系列产品，在各种机械设备上得到了广泛的使用。

任务实施

开始干活了！

① 操作使用液压千斤顶；
② 观察并指出液压千斤顶的组成部分；
③ 熟悉液压千斤顶的工作原理。

任务评价

序　号	能力点	掌握情况	序　号	能力点	掌握情况
1	操作规程		4	工作原理理解	
2	操作能力		5	优缺点理解	
3	组成部分理解				

思考与练习

1. 什么是液压传动？什么是液压传动的基本原理？
2. 与其他传动方式相比，液压传动主要有哪些优点和缺点？
3. 试举出几个生产生活中用到的液压设备或者液压装置的例子。

任务二　了解液压油

任务目标

- 了解液压油的作用；
- 掌握液压油黏性的物理意义；
- 掌握液压油的黏温特性及可压缩性；
- 掌握液压油的选择原则。

任务描述

测量液压油黏度，清洗滤油器，熟悉液压油的性质。

知识与技能

液压油是液压传动系统中的工作介质，用来实现能量的传递，并且还对液压装置的机构及零件起着润滑、冷却和防锈作用。液压油的质量优劣直接影响液压系统的工作性能，因此合理地选用液压油是很重要的。

液压油是什么？有哪些性质啊？

1. 液压油的物理性质

（1）液压油的密度

单位体积某种液压油的质量称为该种液压油的密度，以 ρ 表示，即

$$\rho = \frac{m}{V} \qquad (1-1)$$

式中：V——液压油的体积（m^3）；

　　　m——体积为 V 的液压油质量（kg）。

液压油的密度随压力的升高而增大，随温度的升高而减小，但一般情况下，由压力和温度引起的这种变化都较小，可以忽略不计，故在实际应用中可认为液压油的密度不受压力和温度变化的影响。

（2）液压油的黏性

① 物理意义：液体在外力作用下流动时，由于液体分子间的内聚力阻碍液体分子之间相对运动，因而产生一种内摩擦力，这一特性称为液体的黏性。黏性的大小用黏度表示，黏性是液体重要的物理特性，也是选择液压油的重要依据之一。

液体流动时，由于液体的黏性及液体和固体壁面间的附着力，流动液体内部各层间的速度大小不等。如图 1-2 所示，设两平行平板间充满液体，下平板不动，而上平板以速度 v_0 向右平动。由于液体的黏性作用，紧贴于下平板的液体层速度为零，紧贴于上平板的液体层速度为 v_0，而中间各层液体的速度则根据该层到下平板的距离大小近似呈线性规律分布。因此，不同速度流层相互制约而产生内摩擦力。

图 1-2　液体黏性示意图

实验测定结果指出，液体流动时相邻液层之间的内摩擦力 F 与液层间的接触面积 A 和液层间的相对速度 dv 成正比，而与液层间的距离 dy 成反比，即

$$F = \mu A \frac{dv}{dy} \qquad (1-2)$$

式中：μ——比例常数，称为液体的黏性系数或黏度；

　　　$\dfrac{dv}{dy}$——速度梯度。

若以 τ 来表示单位接触面积上的内摩擦力，即切应力，则由式（1-2）可得

$$\tau = \frac{F}{A} = \mu \frac{dv}{dy} \qquad (1-3)$$

式（1-3）表达的是牛顿的液体内摩擦定律。

在液体静止时，由于 $dv/dy = 0$，液体内摩擦力 F 为零，因此静止的液体不呈现黏性。

② 黏度：流体黏性的大小用黏度来表示。常用的黏度有动力黏度、运动黏度和相对黏度。

a. 动力黏度 μ：动力黏度又称绝对黏度，可由式（1-2）导出，即

$$\mu = \frac{F}{A\frac{dv}{dy}} = \frac{\tau}{\frac{dv}{dy}} \qquad (1-4)$$

由式（1-4）可知动力黏度 μ 的物理意义是：液体在单位速度梯度 $\left(\frac{dv}{dy}=1\right)$ 下流动时，单位接触面积上的内摩擦力的大小。

动力黏度的国际单位制（SI）计量单位为牛·秒/米²，符号为 N·s/m² 或帕·秒，符号为 Pa·s。

b. 运动黏度 ν：某种液体的运动黏度是该液体的动力黏度 μ 与其密度 ρ 的比值，即

$$\nu = \frac{\mu}{\rho} \qquad (1-5)$$

在 SI 中，液体的运动黏度的单位为米²/秒，符号为 m²/s，由于该单位偏大，实际上常用 cm²/s、mm²/s 它们之间的关系是 1 m²/s = 10⁴ cm²/s = 10⁶ mm²/s。

运动黏度 ν 没有什么明确的物理意义，因在理论分析和计算中常遇到 μ/ρ 的比值，为方便起见用 ν 表示。国际标准化组织 ISO 规定，各类液压油的牌号是按其在一定温度下运动黏度的平均值来标定的。我国生产的全损耗系统油和液压油采用 40 ℃时的运动黏度值（mm²/s）为其黏度等级标号，即油的牌号。例如，牌号为 L-HL32 的液压油，就是指这种油在 40 ℃时的运动黏度的平均值为 32 mm²/s。

c. 相对黏度：相对黏度又称条件黏度，它是采用特定的黏度计在规定条件下测出来的液体黏度。各国及地区采用的相对黏度单位有所不同：美国采用赛氏黏度、英国采用雷氏黏度、法国采用巴氏黏度、我国采用恩氏黏度。

恩氏黏度用符号 °E 表示，被测液体温度为 t ℃时的恩氏黏度用符号 °E$_t$ 表示。恩氏黏度用恩氏黏度计测定。其方法是将 200 mL 温度为 t ℃的被测液体装入黏度计的容器，经其底部直径为 2.8 mm 的小孔流出，测出液体流尽所需时间 t_A，再测出 200 mL 温度为 20 ℃的蒸馏水用同一黏度计流尽所需时间 t_B（通常 $t_B = 51$ s）；这两个时间的比值即为被测液体在温度 t 下的恩氏黏度，即

$$°E_t = \frac{t_A}{t_B} = \frac{t_A}{51s} \qquad (1-6)$$

工业上一般以 20 ℃、50 ℃ 和 100 ℃ 作为测定恩氏黏度的标准温度，相应地以符号 °E$_{20}$、°E$_{50}$、°E$_{100}$ 来表示。

恩氏黏度与运动黏度（mm²/s）的换算关系为

当 $1.3 \leqslant °E \leqslant 3.2$ 时 $\qquad\qquad \nu = 8°E - \frac{8.64}{°E} \qquad (1-7)$

当 $°E > 3.2$ 时 $\qquad\qquad\qquad \nu = 7.6°E - \frac{4}{°E} \qquad (1-8)$

③ 黏度与压力、温度的关系：当液体所受压力升高时，其分子间的距离减小，内聚

力增大，黏度也随之增大。但对于一般的液压系统，当压力在 10 MPa 以下时，油液的黏度受压力变化的影响很小，可以忽略不计。

油液的黏度对温度变化十分敏感，温度升高，黏度将显著降低。油液的黏度随温度变化的性质称为油液的黏温特性。不同种类的液压油具有不同的黏温特性。油液黏温特性的好坏常用黏度指数 VI（黏温变化程度与标准油相比较所得的相对数值）来表示，黏度指数 VI 值越大，说明其黏度随温度变化越小，黏温特性越好。一般液压油的 VI 值要求在 90 以上；优质液压油的 VI 值在 100 以上。几种常用液压油的黏度指数如表 1 - 2 所示。

表 1 - 2   几种常用液压油的黏度指数

液压油种类	黏度指数	液压油种类	黏度指数
通用液压油 L - HL	90	高含水液压油 L - HFA	130
抗磨液压油 L - HM	95	油包水乳化液 L - HFB	130 ~ 170
低温液压油 L - HV	130	水 - 乙二醇液 L - HFC	140 ~ 170
高黏度指数液压油 L - HR	160	磷酸酯液 L - HFDR	130 ~ 180

（3）液压油的可压缩性

液体受压力增大而发生体积减小的特性称为液体的可压缩性。可压缩性用体积压缩系数 k 表示，并定义为单位压力变化下的液体体积的相对变化量。设体积为 V 的液体，当压力增大 Δp 时，液体体积减小 ΔV，则

$$k = -\frac{1}{\Delta p}\frac{\Delta V}{V} \qquad (1-9)$$

由于压力增加时液体的体积减小（$\Delta V < 0$），因此式（1-9）中等号右边加一负号，以使 k 为正值。

液体的压缩系数 k 的倒数称为液体的体积弹性模量，用 K 表示。即

$$K = \frac{1}{k} = -\Delta p\frac{V}{\Delta V} \qquad (1-10)$$

K 表示单位体积产生相对变化量时所需要的压力增量。在实际应用中，常用 K 值说明液体抵抗压缩能力的大小。在常温下，纯净油液的体积弹性模量 $K = (1.4 \sim 2) \times 10^9\,\text{MPa}$，其可压缩性是钢的 100 ~ 150 倍（钢的体积弹性模量为 $2.1 \times 10^5\,\text{MPa}$）。

在中、低压系统中，液压油的可压缩性对液压系统的性能影响很小，故可将液压油看成不可压缩的，但在高压系统中或研究液压系统的动态特性时，就得考虑液压油的可压缩性。另外，由于空气的可压缩性很大，所以当液压油中混有空气时，其抗压缩能力会大大降低，这会严重影响液压系统的工作性能。在有较高要求或压力变化较大的液压系统中，应采取措施尽量减少工作介质中混入空气及其他易挥发物质（如汽油、煤油和乙醇等）的含量。

2. 对液压油的要求及选用

（1）液压传动工作介质的要求

液压油是液压传动系统的重要组成部分，是用来传递能量的工作介质。除了传递能量外，它还起着润滑运动部件和保护金属不被锈蚀的作用。液压油的质量及其各种性能将直接影响液压系统的工作。一般来说，液压油应具备以下性能：

① 合适的黏度，较好的黏温特性；

② 良好的润滑性能及防锈能力；

③ 质地纯净、杂质少；

④ 对金属和密封件有良好的相容性；

看看怎样选择液压油！

⑤ 氧化稳定性好，长期工作不易变质；

⑥ 抗泡沫性和抗乳化性好；

⑦ 比热大、体积膨胀系数小；

⑧ 燃点高、凝固点低。

此外，还有无毒性、价格便宜等要求。对于具体的液压系统，则需根据情况突出某些方面的性能要求。

（2）液压传动工作介质的选用

各种液压油都有其特性，对应一定的适用范围。正确、合理地选用液压油，可提高液压传动系统工作的可靠性，延长液压元件的使用寿命。

① 液压油品种的选择：液压油的品种很多，主要可分为矿油型、乳化型和合成型。液压油的主要品种及其特性和用途如表 1-3 所示。

视频 ●········

液压油

●········

表 1-3　液压油的主要品种及其特性和用途

类型	名称	ISO 代号	特性和用途
矿油型	普通液压油	L – HL	精制矿油加添加剂，提高抗氧化和防锈性能，适用于室内一般的中低压系统
	抗磨型液压油	L – HM	L–HL 油加添加剂，改善抗磨性能，适用于工程机械、车辆液压系统
	低温液压油	L – HV	L–HM 油加添加剂，改善黏温特性，可用于环境温度在 – 40 ~ – 20 ℃的高压系统
	高黏度指数液压油	L – HR	L–HL 油加添加剂，改善黏温特性，VI 值达 175，甚至更高，适用于对黏温特性有特殊要求的低压系统，如数控机床液压系统
	液压导轨油	L – HG	L–HM 油加添加剂，改善黏–滑性能，适用于机床中液压和导轨润滑合用的系统
	全损耗系统用油	L – HH	浅度精制矿油，抗氧化性、抗泡沫性较差，主要用于机械润滑，可做液压代用油，用于要求不高的低压系统
	汽轮机油	L – TSA	深度精制矿油加添加剂，改善抗氧化、抗泡沫等性能，为汽轮机专用油，可做液压代用油，用于一般液压系统

续表

类型	名称	ISO 代号	特性和用途
乳化型	水包油乳化液	L – HFA	又称高水基液。特点：难燃、黏温特性好，有一定的防锈能力，润滑性差，易泄漏，适用于有抗燃要求、油液用量大且泄漏严重的系统
	油包水乳化液	L – HFB	既具有矿油型的抗磨、防锈性能，又具有抗燃性，适用于有抗燃要求的中压系统
合成型	水 – 乙二醇液	L – HFC	难燃，黏温特性和抗蚀性好，能在 – 54 ~ 60 ℃温度下使用，适用于有抗燃要求的中低压系统
	磷酸酯液	L – HFDR	难燃，润滑抗磨性能和抗氧化性能良好，能在 – 54 ~ 135 ℃温度范围内使用，缺点是有毒，适用于有抗燃要求的高压精密液压系统

液压油品种的选择可参考表 1 – 4 及表 1 – 5，还应根据液压传动系统所处的工况条件，主要是工作温度、工作压力和液压泵类型等来确定。

a. 工作温度：工作温度主要对液压油的黏温特性和热稳定性提出要求，选用时可参照表 1 – 4。

表 1 – 4 按工作温度选择液压油的品种

液压油工作温度/℃	< – 10	– 10 ~ 80	> 80
液压油品种	L – HR、L – HV、L – HS	L – HH、L – HL、L – HM	优等 L – HM、L – HV、L – HS

b. 工作压力：工作压力主要对液压油的润滑性（抗磨性）提出要求，选用时可参照表 1 – 5。

表 1 – 5 按工作压力选择液压油的品种

工作环境	工况		
	压力 $p \leqslant 7.0$ MPa 温度 $t < 50$ ℃	7.0 MPa $< p \leqslant 14.0$ MPa 温度 $t < 50$ ℃	$p > 14.0$ MPa 温度 50 ℃ $\leqslant t \leqslant 100$ ℃
室内、固定液压设备	HL	HL、HM	HM
露天寒冷和严寒区	HV	HV、HS	HV、HS
高温热源或明火附近	HFAE	HFB、HFC	HFDR

c. 液压泵类型：液压泵类型较多，常见的有齿轮泵、叶片泵和柱塞泵。一般而言，齿轮泵对液压油的抗磨性要求比叶片泵和柱塞泵低，因此齿轮泵可选用 L – HL 或 L – HM 液压油，而叶片泵和柱塞泵一般选择 L – HM 液压油。

② 黏度等级的选择：液压油的品种选定之后，还必须确定其黏度等级。黏度对液压系统工作的稳定性、可靠性、效率、温升及磨损都有影响。黏度过高对系统润滑有利，但增加系统的阻力，使得系统压力损失增大，效率降低；黏度过低会增加设备的外泄漏，导致系统工作压力不稳定，严重时会使泵的磨损加剧。在选择黏度等级时应注意以下几个方面。

a. 工作压力：工作压力较高的液压系统宜选用黏度较高的液压油，以减少泄漏；反之，选用黏度较低的液压油。

b. 环境温度：环境温度较高的液压系统宜选用黏度较高的液压油，以减少泄漏；反之，选用黏度较低的液压油。

c. 运动速度：当液压系统的运动部件的运动速度较高时，宜选用黏度较低的液压油，以减少液流的摩擦损失；反之，选用黏度较高的液压油。

在液压系统的所有元件中，以液压泵对液压油的性能最为敏感，因为其转速最高、工作压力最大、温度也较高，因此液压系统常根据液压泵的类型及其要求来选择液压油的黏度。各类液压泵适用的温度范围如表 1-6 所示。

表 1-6　各种液压泵适用的温度范围

液压泵类型		系统温度为 5~40 ℃	系统温度为 40~80 ℃	液压泵类型	系统温度为 5~40 ℃	系统温度为 40~80 ℃
叶片泵	$p < 7.0$ MPa	30~50 ℃	40~75 ℃	齿轮泵	30~70 ℃	95~165 ℃
	$p \geqslant 7.0$ MPa	50~70 ℃	50~90 ℃	径向柱塞泵	30~50 ℃	65~240 ℃
螺杆泵		30~50℃	40~80 ℃	轴向柱塞泵	30~70 ℃	70~150 ℃

3. 液压油的污染及控制

要使液压系统高效而可靠地长时间工作，不仅要正确选择液压油，还要合理使用和正确维护液压油。据统计，液压油受到污染是系统发生故障的主要原因，因此，控制液压油的污染十分重要。

使用液压油时应注意哪些事项啊？

（1）液压油污染的原因

① 残留物污染：这主要是指液压元件在制造、储存、运输、安装及维修过程中残留下来的铁屑、铁锈、砂粒、磨料、焊渣、清洗液等对液压油造成的污染。

② 侵入物污染：这主要是指周围环境中空气、尘埃、水滴等通过一切可能的侵入点，如外露的往复运动塞杆、油箱的进气孔和注油孔等进入系统对液压油造成的污染。

③ 生成物污染：这主要是指液压系统在工作过程中产生的金属微粒、密封材料磨损颗粒、涂料剥离片、水分气泡及油液变质后的胶状生成物等对液压油造成的污染。

（2）液压油污染的危害

油液的污染直接影响液压系统的工作可靠性和元件的使用寿命。液压系统故障的70% 是由于油液污染造成的。工作介质被污染后，将对液压系统和液压元件产生的危害主要表现在下述几个方面。

① 磨损和擦伤元件：固体颗粒会加速元件的磨损，使元件不能正常工作；同时也会擦伤密封元件，使泄漏增加。

② 堵塞和卡紧元件：固体颗粒物、胶状物、棉纱等杂物堵塞阀类件的小孔和缝隙，致使阀的动作失灵，系统性能下降；堵塞滤油器使泵吸油困难，产生噪声。

③ 液压油的性能劣化：水分、空气、清洗液、涂料、漆屑等混入，会降低液压油的润滑性能并使油液氧化变质。

④ 系统工作不稳定：水分、空气的混入使系统产生振动、噪声、低速爬行及启动时突然前冲的现象；还会使管路狭窄处产生气泡，加速元件的氧化腐蚀。

（3）液压油污染的控制措施

① 严格清洗元件和系统：液压元件、油箱和各种管件在组装前应严格清洗，组装后应对系统进行全面彻底地冲洗，并将清洗后的介质换掉。

② 防止污染物侵入：在设备运输、安装、加注和使用中，都应防止工作介质被污染。介质注入后，必须经过滤油器；油箱通大气处要加空气滤清器；采用密闭油箱，防止尘土、磨料和冷却液侵入等；维修拆卸元件应在无尘区进行。

③ 控制工作介质的温度：应采取适当措施（如水冷、风冷等），控制系统的工作温度。以防止温度过高，造成工作介质氧化变质，产生各种生成物。一般液压系统的温度应控制在 65 ℃以下，机床的液压系统应更低一些。

④ 采用高性能的过滤器：研究表明，由于液压元件相对运动表面间隙较小，如果采用高精度的过滤器可以有效地控制 1 ~ 5 μm 的污染颗粒，液压泵、液压马达、各种液压阀及液压油的使用寿命均可大大延长，液压故障亦会明显减少。

⑤ 定期检查和更换工作介质：每隔一段时间，要对系统中的各种介质进行抽样检查，分析其污染程度是否还在系统允许使用的范围内，如不符合要求，应及时更换。在更换新的工作介质前，必须对整个液压系统进行彻底清洗。

 任务实施

① 测量普通液压油的常温黏度；
② 为液压试验台清洗或更换滤油器；
③ 通过液压油颜色、气味判断液压油污染程度。

任务评价

序　号	能力点	掌握情况	序　号	能力点	掌握情况
1	安全操作		3	滤油器清洗	
2	液压油黏度测量		4	污染判断	

思考与练习

1. 什么是液体的黏性？常用的黏度表示方法有哪几种？它们的表示符号和单位各是什么？

2. 试说明牌号为 L－HV－22 的液压油所表示的含义。

3. 以挖掘机液压传动系统为例，根据查阅的资料，说明如何选择液压油？

4. 20 ℃时 200 mL 蒸馏水从恩式黏度计中流尽的时间为 51 s，如果 200 mL 的某液压油在 40 ℃时从恩式黏度计中流尽的时间为 232 s，已知该液压油的密度为 900 kg/m³，试求该液压油在 40 ℃时的恩式黏度、运动黏度和动力黏度。

5. 液压油的污染有何危害？如何控制液压油的污染？

任务三 了解流体力学基础知识

任务目标

- 了解液体静压力的性质及静力学基本方程；
- 掌握压力的表示方法；
- 了解动力学方程及其应用。

任务描述

应用流体力学知识分析液压系统应用中的具体问题。

知识与技能

先来了解一下液体静力学说了些什么！

由于液压系统是利用液体来传递运动和动力的，所以了解流体力学的知识是很有必要的。流体力学是研究流体（液体或气体）处于相对平衡、运动、流体与固体相互作用时的力学规律，以及这些规律在实际工程中的应用。它包括两个基本部分：一部分是液体静力学；另一部分是液体动力学。

1. 液体静力学

液体静力学是研究液体处于相对平衡时的规律。所谓相对平衡，是指液体内部各个质点之间没有相对运动，液体整体完全可以像刚体一样做各种运动。

（1）液体的压力

静止液体单位面积上所受的法向力称为压力。这一定义在物理学中称为压强，但在液压传动中习惯称为压力。压力通常以 p 表示：

$$p = \frac{F}{A} \tag{1-11}$$

压力的法定计量单位为 Pa（帕，N/m²）。由于 Pa 单位太小，工程上使用不便，因而常用 MPa（兆帕）、bar（巴）等。它们的换算关系是 $1\ \text{MPa} = 10^6\ \text{Pa} = 10\ \text{bar}$。

（2）液体静压力的性质

① 液体的压力沿着内法线方向作用于承压面，即静止液体只承受法向压力，不承受剪切力（因为静止液体内部切向剪应力为零）和拉力，否则就破坏了液体静止的条件。

② 静止液体内任意点处所受到的静压力各个方向都相等。如果在液体中某点受到各个方向的压力不相等，那么液体就会产生运动，也就破坏了液体静止的条件。

由上述性质可知，静止液体总是处于受压状态，并且其内部的任何质点都受平衡压力的作用。

（3）液体静力学基本方程

如图 1-3（a）所示，密度为 ρ 的液体在外力作用下处于静止状态。若要求液体离液面深度为 h 处的压力，可以假想从液面往下切取一个高为 h、底面积为 ΔA 的垂直小液柱，如图 1-3（b）所示。这个小液柱在重力 G（$G = mg = \rho Vg = \rho gh\Delta A$）及周围液体的压力作用下处于平衡状态，于是有

$$p\Delta A = p_0 \Delta A + \rho gh\Delta A$$

即

$$p = p_0 + \rho gh \tag{1-12}$$

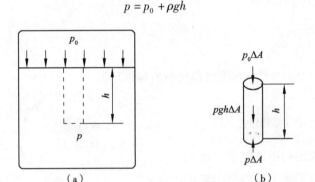

图 1-3　重力作用下静止液体受力分析

式（1-12）即为液体静压力基本方程，由此式可知，重力作用下的静止液体，其压力分布有如下特征：

① 静止液体内任一点处的压力由两部分组成，一部分是液面上的压力 p_0，另一部分是 ρg 与该点液面深度 h 的乘积。当液面上只受大气压力 p_a 作用时，则液体内任一点的静压力为 $p = p_a + \rho gh$。

② 液体内的静压力随液体深度的增加而线性地增加。

③ 液体内深度相同处的压力都相等。由压力相等的点组成的面称为等压面。重力作用下，静止液体中的等压面是一个水平面。

【例题 1-1】如图 1-4 所示，容器内盛有油液，已知油的密度（体积质量）$\rho = 900\ \text{kg/m}^3$，活塞上的作用力 $F = 1\ 000\ \text{N}$，活塞面积 $A = 1 \times 10^{-3}\ \text{m}^2$，忽略活塞的质量，问活塞下方深度 $h = 0.5\ \text{m}$ 处的压力为多少？

解：活塞与液体接触面上的压力为

$$p_0 = \frac{F}{A} = \frac{1\ 000\ \text{N}}{1 \times 10^{-3}\ \text{m}^2} = 10^6\ \text{Pa}$$

根据液体静压力基本方程，深度为 h 处的液体压力为

$$p = p_0 + \rho g h = 10^6\ \text{Pa} + 900 \times 9.8 \times 0.5\ \text{Pa}$$
$$= 1.004\ 4 \times 10^6\ Pa \approx 10^6\ Pa$$

从本例可以看出，液体在受外界压力作用下，由液体自重所形成的那部分压力 $\rho g h$ 相对很小，在液压系统中常可忽略不计，因而可近似地认为整个液体内部的压力是处处相等的。在分析液压系统的压力时，一般都采用这个结论。

（4）静压传递原理

如图 1-3（a）所示盛放在密闭容器内的液体，其外加压力 p_0 发生变化时，只要液体仍保持其原来的静止状态不变，液体中任一点的压力将发生同样大小的变化。也就是说，在密闭容器内，施加于静止液体上的压力将等值的同时传递到液体内各点。这就是静压传递原理，又称帕斯卡（Pascal）原理。

图 1-4 所示活塞上的作用力 F 对液面产生外加压力，A 为活塞横截面面积，根据静压传递原理，容器内液体压力 p 与负载 F 的关系是

图 1-4 静止液体
内的压力

$$p = \frac{F}{A} \tag{1-13}$$

当活塞横截面面积 A 一定时，由式（1-13）可知液体压力 p 与负载 F 之间总保持着正比关系。若 $F = 0$，则 $p = 0$；F 越大，液体内的压力也越大。由此可见，液体内的压力是由负载作用所形成的，所以液压系统内工作压力的高低取决于负载的大小，这是液压传动中的一个重要的基本概念。

【例题 1-2】 图 1-5 所示为相互连通的两个液压缸，大缸的直径 $D = 30\ \text{cm}$，小缸的直径 $d = 3\ \text{cm}$，若在小活塞上加的力 $F = 200\ \text{N}$，问大活塞能举起重物的重力 G 为多少？

解：根据静压传递原理，由外力产生的压力在两缸中的数值应相等，即

$$p = \frac{4F}{\pi d^2} = \frac{4G}{\pi D^2}$$

故大活塞能顶起重物的重力 G 为

$$G = \frac{D^2}{d^2}F = \left(\frac{30^2}{3^2} \times 200\right)\text{N} = 20\ 000\ \text{N}$$

由本例可知，液压装置具有力的放大作用。液压压力机、液压千斤顶和万吨水压机等，都是利用该原理工作的。

（5）压力的表示方法

根据度量基准的不同，液体压力的表示方法有两种：一种是以绝对真空作为基准所表示的压力，称为绝对压力；另一种是以大气压力作为基准所表示的压力，称为相对压力。在地球表面上，一切受大气笼罩的物体，大气压力的作用都是自相平衡的，因此大多数测压仪表所测的压力都是相对压力，所以相对压力又称表压力。在液压技术中，若不特别指明，压力均指相对压力。

绝对压力和相对压力的关系如下：

$$相对压力 = 绝对压力 - 大气压力$$

当绝对压力小于大气压力时，习惯上称为出现真空，绝对压力比大气压力小的那部分压力数值称为真空度，即

$$真空度 = 大气压力 - 绝对压力$$

绝对压力、相对压力和真空度的相对关系如图 1 - 6 所示，由图可知，以大气压力为基准计算压力时，基准以上的正值是相对压力，基准以下负值的绝对值就是真空度。

图 1 - 5　帕斯卡原理的应用实例

图 1 - 6　绝对压力、相对
压力和真空度的关系

（6）液体对固体壁面的作用力

具有一定压力的液体与固体壁面相接触时，固体壁面将受到总的液压力的作用。当不计液体的自重对压力的影响时，可认为作用于固体壁面上的压力是均匀分布的。

当固体壁面是一个平面时，液体压力在该平面上的总作用力 F 等于液体压力 p 与该平面面积 A 的乘积，其作用力方向与该平面垂直，即

$$F = pA \tag{1 - 14}$$

如图 1 - 7（a）所示，液压油作用在活塞（活塞直径为 D、面积为 A）上的力 F 为

$$F = pA = p \frac{\pi D^2}{4}$$

当固体壁面是一个曲面时，液体压力在该曲面某方向上的总作用力等于液体压力与曲面在该方向上的投影面积的乘积，比如求 x 方向总作用力 F_x 的表达式为

$$F_x = pA_x \tag{1 - 15}$$

式中：A_x——曲面在 x 方向上的投影面积。

如图 1 - 7（b）、图 1 - 7（c）所示的球面和圆锥面，若要求液体压力 p 沿垂直方向

（y 方向）作用在球面和圆锥面上的力，其力 F_y（与图中 F' 方向相反）就等于压力作用在该部分曲面在垂直方向的投影面积 A_y 与压力 p 的乘积，其作用点通过投影圆的圆心，其方向向上，即

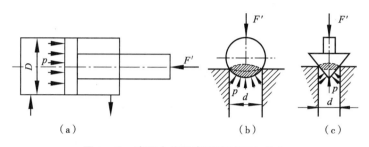

图 1－7　液压力作用在固体壁面上的力

$$F_y = pA_y = p \frac{\pi d^2}{4}$$

式中：d——承压部分曲面投影圆的直径。

2. 液体动力学

液体动力学主要研究液体的流动状态、液体在外力作用下流动时的运动规律及液体流动时的能量转换关系。

（1）基本概念

① 理想液体和恒定流动：由于实际液体在流动时具有黏性和可压缩性，导致研究流动液体运动规律时非常困难。为简化起见，在讨论该问题前，先假定液体没有黏性且不可压缩，然后再根据实验结果，对所得到的液体运动的基本规律、能量转换关系等进行修正和补充，使之更加符合实际液体流动时的情况。一般把既无黏性又不可压缩的假想液体称为理想液体。

液体流动时，若液体中任一点处的压力、流速和密度不随时间变化而变化，则称为恒定流动（亦称稳定流动或定常流动）；反之，若液体中任一点处的压力、流速或密度中有一个参数随时间变化而变化，则称为非恒定流动。同样，为使问题讨论简便，也常先假定液体在做恒定流动。图 1－8（a）所示水平管内液流为恒定流动，图 1－8（b）所示为非恒定流动。

图 1－8　恒定流动和非恒定流动

② 通流截面、流量和平均流速。

a. 通流截面：液体在管道内流动时，常将垂直于液体流动方向的截面称为通流截面或过流断面。

b. 流量：单位时间内流过某一过流断面的液体体积称为体积流量，简称流量，用 q 表示，国际单位制计量单位为 m^3/s，工程上常用的单位为 L/min。二者的换算关系为 $1\ m^3/s = 6 \times 10^4 L/min$。

图 1-9　理想液体在
直管中流动

假设理想液体在一直管内做恒定流动，如图 1-9 所示。液流的通流截面面积即为管道截面面积 A，液流在通流截面上各点的流速（指液流质点在单位时间内流过的距离）皆相等，以 u 表示，流过截面 1-1 的液体经时间 t 后到达截面 2-2 处，所流过的距离为 l，则流过的液体体积为 $V = Al$，因此可得流量为

$$q = \frac{V}{t} = \frac{Al}{t} = Au \tag{1-16}$$

式（1-16）表明，液体的流量可以用通流截面的面积与流速的乘积来计算。

c. 平均流速：由于液体具有黏性，液体在管道中流动时，在同一截面内各点的流速是不相同的，其分布规律为抛物线形，如图 1-10（a）所示，管道中心线处流速最高，而边缘处流速为零。所以，对于实际液体，当液流通过微小的通流截面 dA 时 ［见图 1-10（b）］，液体在该截面各点的流速可以认为是相等的，所以流过该微小断面的流量为 $dq = udA$，则流过整个通流截面 A 的流量为

$$q = \int_A u dA \tag{1-17}$$

式（1-17）计算和使用起来都很不方便，因此，常假定通流截面上各点的流速均匀分布，从而引入平均流速的概念。平均流速 v 是指通流截面通过的流量 q 与该通流截面面积 A 的比值，即

$$v = \frac{q}{A} \tag{1-18}$$

（a）　　　　　　　　　　（b）

图 1-10　流量和平均流速

在实际工程中，平均流速才具有应用价值。液压缸工作时，液流的流速可以认为是均匀分布的，即活塞的运动速度与液压缸中液流的平均流速相同，活塞运动速度 v 等于进入液压缸的流量 q 与液压缸有效作用面积 A 的比值。当液压缸的有效面积一定时，活塞运动

速度的大小取决于进入液压缸流量的多少。

③ 层流、紊流和雷诺数：液体流动有层流和紊流两种基本状态。这两种流动状态的物理现象可以通过雷诺实验来观察。

实验装置如图 1–11（a）所示，水箱 4 中有一隔板 1，当向水箱连续注入清水时，隔板可保持水位不变。先微微打开水箱开关 7 使箱内清水缓缓流出，然后打开水杯开关 3，这时可看到水杯 2 内的颜色水经细导管 5 呈一条直线流束流动，如图 1–11（b）所示。这表明，水管中的水流是分层的，而且层与层之间互不干扰，这种流动状态称为层流。逐渐开大水箱开关 7，管内液体的流速随之增大，颜色水的流束逐渐开始振荡而呈波纹状，如图 1–11（c）所示，这表明液流开始紊乱。当流速超过一定值后，颜色水流到玻璃管 6 中便立即与清水完全混杂，水流的质点运动呈极其紊乱的状态，这种流动状态称为紊流，如图 1–11（d）所示。如果再将水箱开关 7 逐渐关小，就会看到相反的过程。

图 1–11 雷诺实验装置

1—隔板；2—水杯；3—水杯开关；4—水箱；5—细导管；6—玻璃管；7—水箱开关

实验证明，液体在圆管中的流动状态不仅与液体在管中的流速 u 有关，还与管道内径 d 和液体的运动黏度 ν 有关。以上三个参数组成的一个无量纲数，称为雷诺数，用 Re 表示，即

$$Re = \frac{ud}{\nu} \qquad (1-19)$$

式中：u——液体在管中的流速（m/s）；

$\quad\quad d$——管道内径（m）；

$\quad\quad \nu$——液体的运动黏度（m²/s）。

管中液体的流动状态随雷诺数的不同而改变，因而可以用雷诺数作为判别液体在管道中流动状态的依据。液流由层流转变为紊流时的雷诺数和由紊流转变为层流时的雷诺数是不相同的，后者的数值较小。一般把紊流转变为层流时的雷诺数称为临界雷诺数 Re_L。当 $Re \leqslant Re_L$ 时为层流；当 $Re > Re_L$ 时为紊流。

各种管道的临界雷诺数可由实验求得。常见管道的临界雷诺数如表 1–7 所示。

对于非圆截面的管道，Re 可用式（1–20）计算

$$Re = \frac{ud_H}{\nu} \qquad (1-20)$$

式中：d_H——通流截面的水力直径，按式（1–21）计算。

$$d_H = \frac{4A}{x} \qquad (1-21)$$

式中：A——通流截面面积；

x——湿周，为通流截面与液体相接触的管壁周长。

表 1-7 常见管道的临界雷诺数

管道形状	临界雷诺数 Re_L	管道形状	临界雷诺数 Re_L
光滑金属管	2 300	带沉割槽的同心环状缝隙	700
橡胶软管	1 600 ~ 2 000	带沉割槽的偏心环状缝隙	400
光滑同心环状缝隙	1 100	圆柱形滑阀阀口	260
光滑偏心环状缝隙	1 000	锥阀阀口	20 ~ 100

雷诺数的物理意义：雷诺数是液流的惯性力对黏性力的比值。当雷诺数较大时，说明惯性力起主导作用，这时液体处于紊流状态；当雷诺数较小时，说明黏性力起主导作用，这时液体处于层流状态。液体在管道中流动时，若为层流，液流各质点运动有规律，则其能量损失较小；若为紊流，液流各质点的运动极其紊乱，则能量损失较大。所以，在液压传动系统设计时，应考虑尽可能使液体在管道中流动时为层流状态。

④ 液流连续性方程：液流连续性方程是质量守恒定律在流体力学中的一种表达形式。

如图 1-12 所示，理想液体在管道中恒定流动时，由于它不可压缩（密度 ρ 不变），在压力作用下，液体中间也不可能有空隙，则在单位时间内流过截面 1-1 和截面 2-2 处的液体的质量应相等，故有 $\rho A_1 v_1 = \rho A_2 v_2$，即

$$A_1 v_1 = A_2 v_2 \qquad (1-22)$$

或写成 $\qquad q = vA = 常量$

式中：A_1、A_2——截面 1-1、2-2 处的通流截面面积；

v_1、v_2——截面 1-1、2-2 处的平均流速。

图 1-12 液流的连续性原理推导示意图

式（1-22）即为液流连续性方程，它说明液体在管道中流动时，流经管道每一个截面的流量是相等的（这就是液流连续性原理），并且同一管道中各个截面的平均流速与通流截面面积成反比，管径细的地方流速大，管径粗的地方流速小。

（2）伯努利方程

伯努利方程是能量守恒定律在流体力学中的一种表达形式，分为以下两种：

① 理想液体的伯努利方程：假定理想液体在如图 1-13 所示的管道中做恒定流动，任取该管两个截面面积分别为 A_1、A_2 的截面 1-1、2-2。设两截面处的液流的

平均流速分别为 v_1、v_2，压力为 p_1、p_2，到基准面 $O-O$ 的中心高度为 h_1、h_2。若在很短时间 Δt 内，液体通过两截面的距离为 Δl_1、Δl_2，则液体在两截面处时所具有的能量如下：

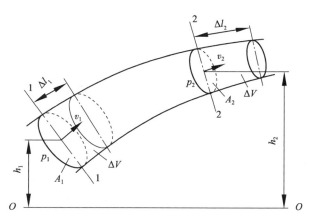

图 1-13 理想液体伯努利方程的推导示意图

1-1 截面	2-2 截面

动能　$\dfrac{1}{2}\rho A_1 v_1 \Delta t v_1^2 = \dfrac{1}{2}\rho q \Delta t v_1^2 = \dfrac{1}{2}\rho \Delta V v_1^2$ 　　$\dfrac{1}{2}\rho A_2 v_2 \Delta t v_2^2 = \dfrac{1}{2}\rho q \Delta t v_2^2 = \dfrac{1}{2}\rho \Delta V v_2^2$

位能　$\rho A_1 v_1 \Delta t g h_1 = \rho q \Delta t g h_1 = \rho \Delta V g h_1$ 　　$\rho A_2 v_2 \Delta t g h_2 = \rho q \Delta t g h_2 = \rho \Delta V g h_2$

压力能　$p_1 A_1 v_1 \Delta t = p_1 q \Delta t = p_1 \Delta V$ 　　$p_2 A_2 v_2 \Delta t = p_2 q \Delta t = p_2 \Delta V$

根据能量守恒定律，在同一管道内各个截面处的能量相等，因此可得

$$\frac{1}{2}\rho \Delta V v_1^2 + \rho \Delta V g h_1 + p_1 \Delta V = \frac{1}{2}\rho \Delta V v_2^2 + \rho \Delta V g h_2 + p_2 \Delta V$$

上式简化后得

$$\frac{1}{2}\rho v_1^2 + \rho g h_1 + p_1 = \frac{1}{2}\rho v_2^2 + \rho g h_2 + p_2 \qquad (1-23)$$

或写成

$$\frac{1}{2}\rho v^2 + \rho g h + p = 常量$$

式（1-23）称为理想液体的伯努利方程，又称理想液体的能量方程，式中各项分别是单位体积液体所具有的动能、位能和压力能。其物理意义是：在密闭的管道中做恒定流动的理想液体具有三种形式的能量（动能、位能、压力能），在沿管道流动的过程中，三种能量之间可以互相转化，但是在管道任一截面上三种能量的总和是一常量。

② 实际液体的伯努利方程：实际液体在管道内流动时，由于液体黏性的存在，会产生内摩擦力，实际液体流动时要克服这些内摩擦力而消耗能量；同时管路中管道的尺寸和局部形状骤然变化使液流产生扰动，也会引起能量消耗。因此实际液体流动时存在能量损失，设单位质量液体在管道中流动时的压力损失为 Δp_w。另外，由于实

际液体在管道中流动时，管道通流截面上的流速分布是不均匀的，若用平均流速计算动能，必然会产生误差。为了修正这个误差，需要引入动能修整系数 α。因此，实际液体的伯努利方程为

$$p_1 + \rho g h_1 + \frac{1}{2}\rho\alpha_1 v_1^2 = p_2 + \rho g h_2 + \frac{1}{2}\rho\alpha_2 v_2^2 + \Delta p_w \qquad (1-24)$$

式中：α_1、α_2——动能修正系数，当紊流时取 $\alpha=1$，层流时取 $\alpha=2$。

伯努利方程揭示了液体流动过程中的能量变化规律，因此它是流体力学中的一个特别重要的基本方程。伯努利方程不仅是进行液压系统分析的理论基础，而且还可用来对多种液压问题进行研究和计算。

应用伯努利方程时必须注意：

① 截面 1-1、2-2 顺流向选取（否则 Δp_w 为负值），且应选在缓变的通流截面上；

② 截面中心在基准面以上时，h 取正值；反之取负值。通常选取特殊位置的水平面作为基准面。

（3）动量方程

动量方程是动量定理在流体力学中的具体应用。

刚体力学中的动量定理指出，作用在物体上的外力等于物体在单位时间内动量的变化，即

$$\sum F = \frac{mv_2 - mv_1}{\Delta t} \qquad (1-25)$$

对于做恒定流动的理想液体，忽略其可压缩性，则 $m=\rho q\Delta t$，代入式（1-25），并考虑以平均流速代替实际流速产生的误差，引入动量修正系数 β，可得如下形式的动量方程

$$\sum F = \rho q(\beta_2 v_2 - \beta_1 v_1) \qquad (1-26)$$

式中：$\sum F$——作用在液体上所有外力的矢量和；

$\quad v_1$、v_2——液流在前后两个通流截面上的平均流速矢量；

$\quad \beta_1$、β_2——动量修正系数，当紊流时取 $\beta=1$，层流时取 $\beta=1.33$，为简化计算，通常均取 $\beta=1$；

$\quad \rho$——液体的密度；

$\quad q$——液体的流量。

式（1-26）为矢量方程，使用时应根据具体情况将式中的各个矢量分解到指定方向，再列出该方向的动量方程。例如在 x 指定方向的动量方程可写成如下形式

$$\sum F_x = \rho q(\beta_2 v_{2x} - \beta_1 v_{1x}) \qquad (1-27)$$

在液压系统中，若要求液流对通道固体壁面的作用力（称为稳态液动力），可根据作用力与反作用力的关系来求。例如在 x 指定方向的稳态液动力计算公式为

$$F_x' = -\sum F_x = \rho q(\beta_1 v_{1x} - \beta_2 v_{2x}) \qquad (1-28)$$

任务实施

【例题1-3】图1-14所示为液压泵的吸油过程,运用伯努利方程试分析吸油高度 h 对泵工作性能的影响。

图1-14 液压泵装置

解:设油箱的液面为基准面,对基准面1-1和泵进油口处的管道截面2-2之间,实际液体的伯努利方程如下

$$p_1 + \rho g h_1 + \frac{1}{2}\rho \alpha_1 v_1^2 = p_2 + \rho g h_2 + \frac{1}{2}\rho \alpha_2 v_2^2 + \Delta p_W$$

式中 $p_1 = p_a$,$h_1 = 0$,$v_1 \approx 0$,$h_2 = h$,代入上式后可写成

$$p_a + 0 + 0 = p_2 + \rho g h + \frac{\rho \alpha_2 v_2^2}{2} + \Delta p_W$$

整理得

$$p_a - p_2 = \rho g h + \frac{\rho \alpha_2 v_2^2}{2} + \Delta p_W$$

由上式可知,当泵的安装高度 $h > 0$ 时,等式右边的值均大于零,所以 $p_a - p_2 > 0$,即 $p_a > p_2$。这时,泵进油口处的绝对压力低于大气压力,形成真空,油箱中的油在其液面上大气压力的作用下被泵吸入液压系统中。

但实际工作时的真空度也不能太大,若 p_2 低于空气分离压,溶于油液中的空气就会析出;当 p_2 低于油液的饱和蒸气压时,油液还会汽化,这样形成大量气泡,产生噪声和振动,影响泵和系统的正常工作,因此等式右边的三项之和不可能太大,即其每一项的值需要受到限制。由上述分析可知,泵的安装高度 H 越小,泵越容易吸油,所以在一般情况下,泵的安装高度 H 不应大于 0.5 m。而为了减少液体的流动速度 v_2 和油管的压力损失 Δp_W,液压泵一般应采用直径较粗的吸油管。

【例题1-4】分析图1-15中滑阀阀芯所受的轴向(x 方向)稳态液动力。

解:取阀芯进出油口之间的液体为研究体积,根据式(1-28)可得 x 方向的稳态液动力为

$$
\begin{aligned}
F_x' &= -\rho q(\beta_1 v_{1\,x} - \beta_2 v_{2x}) \\
&= -\rho q[\beta_1 v_1 \cos 90° - (-\beta_2 v_2 \cos \theta)] \\
&= \rho q \beta_2 v_2 \cos \theta
\end{aligned}
$$

图1-15 作用在滑阀阀芯上的稳态液动力

当液流流过该阀时，同理可得相同的结果。因为两种情况下计算出 F'_x 值均为正值，说明 F'_x 的方向始终向右，则作用在滑阀阀芯上的稳态液动力总是试图将阀口关闭。

 任务评价

序　号	能力点	掌握情况	序　号	能力点	掌握情况
1	流体力学原理理解		3	计算能力	
2	公式应用				

思考与练习

1. 试设计一液体流动状态判别装置，选用不同的液体（两种以上），通过控制各相关阀门，查看液体的流动状态。

　　要求：① 画出装置简图；② 写出操作方法和操作步骤；③ 记录相关的成果及数据；

　　　　　④ 讨论完成的结论，分析液体流动的状态，总结规律。

2. 液体在水平放置的变径管内流动时，为什么其管道直径越细的部位其压力越小？（可用理想液体的伯努利方程进行解释。）

3. 如图 1 – 16 所示，液压缸直径 $D = 150$ cm，活塞直径 $d = 100$ cm，负载 $F = 5 \times 10^4$ N，若不考虑液压油自重及活塞或缸体质量，求图 1 – 16（a）、（b）两种情况下的液压缸内的压力。

4. 如图 1 – 17 所示连通器中装有水和另一种液体。已知水的密度是 $\rho_s = 1 \times 10^3$ kg/m³，$h_1 = 60$ cm，$h_2 = 75$ cm，求另一种液体的密度 ρ 是多少？

图 1 – 16　液压缸力分析　　　　　　图 1 – 17　连通器

5. 油在钢管中流动。已知管道直径为 50 mm，油的运动黏度为 40 mm²/s，如果液流处于层流状态，那么可以通过的最大流量是多少？

任务四 液压系统运行中常见问题分析与处理

任务目标

- 了解压力损失的类型及产生的原因；
- 掌握减小压力损失的途径；
- 掌握液压冲击产生的原因及减少的措施；
- 掌握气穴现象产生的原因及减少的措施；
- 估算液压系统或元件压力损失，认识液压冲击和气穴现象造成的危害。

任务描述

应用液压系统中常见问题的分析与处理方法，介绍液压折弯机常见的故障诊断与排除方法。

知识与技能

1. 管路内液体流动时的压力损失

实际黏性液体在流动时存在阻力，为了克服阻力就要消耗一部分能量，这样就有能量损失。在液压传动中，能量损失主要表现为压力损失，这就是实际液体流动的伯努利方程式中的 Δp_w 项的含义。

液压系统中的压力损失分为两类：一类是沿程压力损失；另一类是局部压力损失。

（1）沿程压力损失

液体在直管中流动时由内、外摩擦力所引起的压力损失称为沿程压力损失。它主要取决于管路的长度、内径、液流的流速和黏度等。液体的流动状态不同，沿程压力损失也不同。

① 层流时的沿程压力损失：在液压传动中，液体的流动状态多数是层流流动，此时液体质点在管中做有规则的流动，因此可以用数学工具对其流动状态进行探讨，并推导出沿程压力损失的理论计算公式。经理论推导和实验证明，层流时的沿程压力损失可用式（1-29）计算，即

$$\Delta p_f = \frac{128\mu l}{\pi d^4}q = \frac{32\mu l}{d^2}v = \lambda\,\frac{l}{d}\,\frac{\rho v^2}{2} \tag{1-29}$$

式中：λ——沿程阻力系数。对于圆管层流，其理论值 $\lambda = 64/Re$，考虑到实际圆管截面可能有变形，以及靠近管壁处的液层可能冷却，阻力略有加大，故实际计算时，对金属管取 $\lambda = 75/Re$，橡胶管取 $\lambda = 80/Re$；

l——管道长度（m）；

d——管道内径（m）；

ρ——液流的密度（kg/m³）；

v——管道中液流的平均流速（m/s）。

② 紊流时的沿程压力损失：紊流时的沿程压力损失计算公式在形式上与层流时的计算公式（1-29）相同，但式中的阻力系数 λ 除了与雷诺数 Re 有关外，还与管壁的表面粗糙度有关。实际计算时，对于光滑管，当 $2.32 \times 10^3 \leqslant Re < 10^5$ 时，$\lambda = 0.3164 Re^{-0.25}$；对于粗糙管，$\lambda$ 的值要根据雷诺数 Re 和管壁的相对表面粗糙度 Δ/d 从相关资料的关系曲线查取。

（2）局部压力损失

液体流经管道的弯头、接头、突变截面以及阀口、滤网等局部装置时，由于液流方向和速度均发生变化，形成局部旋涡，使液流质点间以及质点与管壁间相互碰撞和剧烈摩擦而造成的压力损失，称为局部压力损失。当液流通过上述局部装置时，发生强烈的紊流现象，流动状态极为复杂，影响因素较多，故局部压力损失不易从理论上进行分析计算。因此，一般先通过实验来确定局部压力损失的阻力系数，再用相应公式计算局部压力损失值。局部压力损失的计算公式为

$$\Delta p_\gamma = \xi \frac{\rho v^2}{2} \qquad (1-30)$$

式中：ξ——局部阻力系数，通过实验求得。各种局部装置的 ξ 可查相关手册。

v——液体在该局部装置中的平均流速（m/s）。

（3）管路系统中的总压力损失

管路系统的总压力损失等于所有沿程压力损失和局部压力损失之和，即

$$\Delta p_w = \sum \Delta p_f + \sum \Delta p_\gamma = \sum \lambda \frac{l}{d} \frac{\rho v^2}{2} + \sum \xi \frac{\rho v^2}{2} \qquad (1-31)$$

液压系统中的压力损失大部分转换为热能，造成系统油温升高、泄漏增大，以致影响系统的工作性能。从压力损失的计算公式可以看出，减小液流在管道中的流速，缩短管道长度，减少管道的截面突变和管道弯曲，适当增加管道内径，合理选用阀类元件等都可使压力损失减小。

了解液压冲击，看看怎样才能避免液压冲击！

2. 液压冲击

在液压系统中，常常由于某些原因而使液体压力突然急剧上升，形成很高的压力峰值，这种现象称为液压冲击。

（1）液压冲击产生的原因和危害性

在阀门突然关闭或液压缸快速制动等情况下，液体在系统中的流动会突然受阻。这时由于液流的惯性作用，液体就从受阻端开始，迅速将动能转换为压力能，因而产生了压力冲击波；此后，又从另一端开始，将压力能转化为动能，液体又反向流动；然后，又再次

将动能转换为压力能，如此反复地进行能量转换。由于这种压力波的迅速往复传播，便在系统内形成压力振荡。实际上，由于液体受到摩擦力以及液体和管壁的弹性作用，不断消耗能量，会使振荡过程逐渐衰减而趋向稳定。

系统中出现液压冲击时，液体瞬时压力峰值可以比正常工作压力大好几倍。液压冲击会损坏密封装置、管道或液压元件，还会引起设备振动，产生很大噪声。有时液压冲击使某些液压元件如压力继电器、顺序阀等产生错误动作，影响系统正常工作。

（2）冲击压力

假设系统的正常工作压力为 p，产生液压冲击时的最大压力，即压力冲击波第一波的峰值压力为

$$p_{max} = p + \Delta p \qquad (1-32)$$

式中：Δp——冲击压力的最大升高值。

由于液压冲击流是一种非恒定流动，动态过程非常复杂，影响因素很多，故精确计算 Δp 值是很困难的。下面介绍两种液压冲击情况下的 Δp 值的近似计算公式。

① 管道阀门关闭时的液压冲击：设管道截面积为 A，产生冲击的管长为 l，压力冲击波第一波在 l 长度内传播的时间为 t_1，液体的密度为 ρ，管中液体的流速为 v，阀门关闭后的流速为零，则由动量方程得

$$\Delta p A = \rho A l \frac{v}{t_1}$$

$$\Delta p = \rho \frac{l}{t_1} v = \rho c v \qquad (1-33)$$

式中：$c = \dfrac{l}{t_1}$ ——压力冲击波在管中的传播速度。

应用式（1-33）时，需先知道 c 值的大小，而 c 不仅和液体的体积弹性模量 K 有关，而且还和管道材料的弹性模量 E、管道内径 d 及壁厚 δ 有关，c 值可按式（1-34）计算

$$c = \frac{\sqrt{K/\rho}}{\sqrt{1 + Kd/E\delta}} \qquad (1-34)$$

在液压传动中，c 值一般在 $900 \sim 1\,400$ m/s 之间。

若流速 v 不是突然降为零，而是降为 v_1，则式（1-33）可写为

$$\Delta p = \rho c (v - v_1) \qquad (1-35)$$

设压力冲击波在管中往复一次的时间为 t_c，$t_c = 2 \dfrac{l}{c}$。当阀门关闭时间 $t < t_c$ 时，压力峰值很大，称为直接冲击，这时 Δp 值可按式（1-33）或式（1-35）计算；当 $t > t_c$ 时，压力峰值较小，称为间接冲击，这时 Δp 可按式（1-36）计算

$$\Delta p = \rho c (v - v_1) \frac{t_c}{t} \qquad (1-36)$$

② 运动部件制动时的液压冲击：设总质量为 $\sum m$ 的运动部件在制动时的减速时间为 Δt，速度减小值为 Δv，液压缸有效面积为 A，则根据动量定理得

$$\Delta p = \frac{\sum m \Delta v}{A \Delta t} \tag{1-37}$$

式（1-37）中因忽略了阻尼和泄漏等因素，计算结果偏大，但比较安全。

（3）减小液压冲击的措施

分析式（1-36）、式（1-37）中 Δp 的影响因素，可以归纳出减小液压冲击的主要措施有：

① 延长阀门关闭和运动部件制动换向的时间。实践证明，运动部件制动换向时间若能大于 0.2 s，冲击就大为减轻。在液压系统中采用换向时间可调的换向阀就可做到这一点。

② 限制管道流速及运动部件速度。例如在机床液压系统中，通常将管道流速限制在 4.5 m/s 以下，液压缸所驱动的运动部件速度一般不宜超过 10 m/min 等。

③ 适当加大管道直径，尽量缩短管路长度。加大管道直径不仅可以降低流速，而且可以减小压力冲击波速度 c 值；缩短管道长度的目的是缩短压力冲击波的传播时间 t_c；必要时还可以在冲击区附近安装蓄能器等缓冲装置来达到此目的。

了解一下气穴现象，看看怎样避免气穴现象！

④ 采用软管，以增加系统的弹性。

3. 气穴现象

在液压系统中，当某处的压力低于空气分离压时，之前溶解在液体中的空气就会分离出来，导致液体中出现大量气泡的现象，称为气穴现象。如果液体中的压力进一步降低到饱和蒸气压时，液体将迅速气化，产生大量蒸气泡，这时的气穴现象将会更加严重。

当液压系统中出现气穴现象时，大量的气泡破坏了液流的连续性，造成流量和压力脉动，气泡随液流进入高压区时又急剧破灭，以致引起局部液压冲击，发出噪声并引起振动，当附着在金属表面上的气泡破灭时，所产生的局部高温和高压会使金属腐蚀，这种由气穴造成的腐蚀作用称为气蚀。气蚀会使液压元件的工作性能变坏，并使其寿命大大缩短。

气穴多发生在阀口和液压泵的进口处。由于阀口的通道狭窄，液流的速度增大，压力则大幅度下降，以致产生气穴现象。当泵的安装高度过高，吸油管直径太小，吸油阻力太大或泵的转速过高，造成进口处真空度过大时，亦会产生气穴现象。

为减少气穴现象和气蚀的危害，通常采取下列措施：

① 减小小孔或缝隙前后的压力降。一般希望小孔或缝隙前后的压力比值（p_1/p_2）小于 3.5。

② 降低泵的吸油高度，适当加大吸油管内径，限制吸油管的流速，尽量减少吸油管路中的压力损失（如及时清洗过滤器或更换滤心等）。对于自吸能力差的泵需用辅助泵供油。

③ 管路要有良好的密封，防止空气进入。

④ 提高零件的机械强度，采用抗腐蚀能力强的金属材料。

任务实施

① 测量液压元件压力损失；

② 对比计算分析压力损失原因；

③ 观察压力冲击现象并测量峰值；

④ 观察气蚀损坏的液压泵并分析原因。

任务评价

序　号	能力点	掌握情况	序　号	能力点	掌握情况
1	工作原理理解		3	分析能力	
2	操作能力				

思考与练习

1. 管路中的压力损失有哪几种？对各种压力损失影响最大的因素（参数）是什么？

2. 为什么要限制液体在管道内的流速？

3. 液压系统工作时，在什么情况下会引起液压冲击？有什么危害？应如何防止或减小液压冲击？

4. 如图 1-18 所示，油管水平放置，截面 1-1、2-2 处的内径分别为 $d_1 = 5$ mm、$d_2 = 20$ mm，在管内流动的液体 $\rho = 900$ kg/m^3，运动黏度 $\nu = 20$ mm^2/s。若不计油液流动的能量损失，试求：

① 截面 1-1 和 2-2 哪一处压力较高？为什么？

② 若管内通过的流量 $q = 30$ L/min，求两截面间的压力差。

5. 液压泵如图 1-19 所示，已知液压泵的输出流量 $q = 25$ L/min，吸油管通径 $d = 25$ mm，泵的吸油口距油箱液面的高度 $H = 0.4$ m。设油的运动黏度 $\nu = 20$ mm^2/s，密度 $\rho = 900$ kg/m^3。若仅考虑吸油管中的沿程压力损失，试计算液压泵吸油口处的真空度。

图 1-18　油管水平放置

图 1-19　液压泵

任务五 孔口及缝隙流量分析

任务目标

- 掌握小孔流量计算公式；
- 掌握缝隙流量计算公式。

任务描述

分析调速调压原理，分析液压元件泄漏原因和泄漏量。

知识与技能

液压传动中常利用液体流经阀的小孔或缝隙来控制流量和压力，达到调速和调压的目的。液压元件的泄漏也属于缝隙流动。因而研究小孔和缝隙的流量，了解其影响因素，对于合理设计液压系统，正确分析液压元件和系统的工作性能是很有必要的。

> 为什么要进行流量分析？流量有哪些类型呢？

1. 小孔流量

小孔可分为三种：当小孔的长径比 $l/d \leqslant 0.5$ 时，称为薄壁孔；当 $l/d > 4$ 时，称为细长孔；当 $0.5 < l/d \leqslant 4$ 时，称为短孔。

图 1-20 典型薄壁孔口

先研究薄壁孔的流量计算。图 1-20 所示为进口边做成锐缘的典型薄壁孔口。由于惯性作用，液流通过小孔时要发生收缩现象，在靠近孔口的后方出现收缩最大的通流截面。对于薄壁孔，当孔前通道直径与小孔直径之比 $d_1/d \geqslant 7$ 时，流束的收缩作用不受孔前通道内壁的影响，这时的收缩称完全收缩；反之，当 $d_1/d < 7$ 时，孔前通道对液流进小孔起导向作用，这时的收缩称不完全收缩。

现对孔前通道截面 1-1 和收缩截面 2-2 之间利用伯努利方程，可得通过薄壁孔的流量公式为

$$q = A_2 v_2 = C_v C_c A_T \sqrt{\frac{2}{\rho}\Delta p} = C_q A_T \sqrt{\frac{2}{\rho}\Delta p} \tag{1-38}$$

式中：C_q——流量系数，$C_q = C_v C_c$；

　　　C_c——收缩系数；

　　　A_2——收缩截面的面积；

　　　A_T——小孔通流截面面积。

C_c、C_v、C_q 的数值可由实验确定。当液流完全收缩时，$C_c = 0.61 \sim 0.63$，$C_v = 0.97 \sim 0.98$，这时 $C_q = 0.6 \sim 0.62$；当液流不完全收缩时，$C_q = 0.7 \sim 0.8$。

薄壁孔由于流程很短，流量对油温的变化不敏感，因而流量稳定，宜做节流器用。但薄壁孔加工困难，实际应用较多的是短孔。

短孔的流量公式依然是式（1-38）。但流量系数 C_q 不同，一般为 0.82。

流经细长孔的液流，由于油液具有黏性而流动不畅，故多为层流。其流量计算可以应用前面推出的圆管层流流量公式，即

$$q = \frac{\pi d^4}{128\mu l}\Delta p = \frac{d^2}{32\mu l} \cdot \frac{\pi d^2}{4}\Delta p = CA_T\Delta p \qquad (1-39)$$

细长孔的流量和油液的黏度有关，当油温变化时，油液的黏度变化，因而流量也随之发生变化。这一点是和薄壁小孔特性大不相同的。

纵观各小孔流量公式，可以归纳出一个通用公式

$$q = CA_T\Delta p^\varphi \qquad (1-40)$$

式中：A_T、Δp——分别为小孔的通流截面面积和两端压力差；

　　　C——由孔的形状、尺寸和液体性质决定的系数。对细长孔 $C = d^2/32\mu l$，对薄壁孔和短孔 $C = C_q\sqrt{2/\rho}$；

　　　φ——由孔的长径比决定的指数。薄壁孔 $\varphi = 0.5$，细长孔 $\varphi = 1$。

从通用公式（1-40）可以看出，无论是哪种小孔，其通过的流量均与小孔的通流截面面积 A_T 及两端压力差 Δp 成正比，改变其中一个量即可改变通过小孔的流量，从而达到对运动部件调速的目的。

2. 缝隙流量

液压装置的各零件之间，特别是有相对运动的各零件之间，一般都存在缝隙（又称间隙）。

油液流过缝隙就会产生泄漏，这就是缝隙流量。由于缝隙通道狭窄，液流受壁面的影响较大，故缝隙液流的流态均为层流。

缝隙流动有两种状况：一种是由缝隙两端的压力差造成的流动，称为压差流动；另一种是形成缝隙的两壁面做相对运动所造成的流动，称为剪切流动。这两种流动经常会同时存在。

（1）平行平板缝隙的流量

平行平板缝隙可以由固定的两平行平板形成，也可由相对运动的两平行平板形成。

① 流过固定平行平板缝隙的流量：图1-21所示为固定平行平板缝隙的液流。设缝隙

厚度为 δ，宽度为 b，长度为 l，两端的压力为 p_1 和 p_2。从缝隙中取出一微小的平行六面体 $b\mathrm{d}x\mathrm{d}y$，其左右两端面所受的压力为 p 和 $p+\mathrm{d}p$，上、下两侧面所受的摩擦切应力为 $\tau+\mathrm{d}\tau$ 和 τ，则受力平衡方程为

$$pb\mathrm{d}y + (\tau+\mathrm{d}\tau)b\mathrm{d}x = (p+\mathrm{d}p)b\mathrm{d}y + \tau b\mathrm{d}x$$

对此方程进行整理积分后可得液体在固定平行平板缝隙中做压差流动的流量为

$$q = \int_0^\delta ub\mathrm{d}y = b\int_0^\delta \frac{\Delta p}{2\mu l}(\delta-y)y\mathrm{d}y = \frac{b\delta^3}{12\mu l}\Delta p \qquad (1-41)$$

从式（1-41）可以看出，在压差作用下，流过固定平行平板缝隙的流量与缝隙厚度 δ 的三次方成正比，这说明液压元件内缝隙的大小对其泄漏量的影响是很大的。

图 1-21　固定平行平板缝隙的液流

② 流过相对运动平行平板缝隙的流量：当一平板固定，另一平板以速度 v_0 做相对运动时，由于液体存在黏性，紧贴于动平板的油液以速度 v_0 运动，紧贴于固定平板的油液则保持静止，中间各层液体的流速呈线性分布，即液体做剪切流动。因为液体的平均流速 $v = \dfrac{v_0}{2}$，故由于平板相对运动而使液体流过缝隙的流量为

$$q' = vA = \frac{v_0}{2}b\delta \qquad (1-42)$$

式（1-42）为液体在平行平板缝隙中做剪切流动时的流量。

在一般情况下，相对运动平行平板缝隙中既有压差流动，又有剪切流动。因此，流过相对运动平板缝隙的流量为压差流量和剪切流量二者的代数和

$$q = \frac{b\delta^2}{12\mu l}\Delta p \pm \frac{u_0}{2}b\delta \qquad (1-43)$$

式中：u_0——平行平板间的相对运动速度。

"±"号的确定方法如下：当长平板相对于短平板移动的方向和压差方向相同时取"+"号，方向相反时取"-"号。

（2）圆环缝隙的流量

在液压元件中，如液压缸的活塞和缸孔之间，液压阀的阀芯和阀孔之间，都存在圆环缝隙。圆环缝隙有同心和偏心两种情况，它们的流量公式是有所不同的。

① 流过同心圆环缝隙的流量：图 1-22 所示为流过同心圆环缝隙的流量。其圆柱体直径为 d，缝隙厚度为 δ，缝隙长度为 l。如果将圆环缝隙沿圆周方向展开，就相当于一个平行平板缝隙。因此，只要用 πd 替代式（1-43）中的 b，就可得内外表面之间有相对运动的同心圆环缝隙流量公式

$$q = \frac{\pi d\delta^2}{12\mu l}\Delta p \pm \frac{u_0}{2}\pi d\delta \qquad (1-44)$$

当相对运动速度 $u_0 = 0$ 时，即为内外表面之间无相对运动的同心圆环缝隙流量公式。

② 流过偏心圆环缝隙的流量：若圆环的内外圆不同心，偏心距为 e（见图 1-23），形成偏心圆环缝隙。其流量公式为

$$q = \frac{\pi d \delta^3 \Delta p}{12 \mu l}(1 + 1.5\varepsilon^2) \pm \frac{\pi d \delta u_0}{2} \tag{1-45}$$

式中：δ——内外圆同心时的缝隙厚度；

ε——相对偏心率，即两圆偏心距 e 和同心环缝隙厚度 δ 的比值 $\varepsilon = e/\delta$。

图 1-22 同心圆环缝隙的流量   图 1-23 偏心圆环缝隙的流量

由式（1-45）可以看到，当 $\varepsilon = 0$ 时，它就是同心圆环缝隙的流量公式；当 $\varepsilon = 1$ 时，即在最大偏心情况下，其压差流量为同心圆环缝隙压差流量的 2.5 倍。可见在液压元件中，为了减少圆环缝隙的泄漏，应使相互配合的零件尽量处于同心状态。

任务实施

① 节流阀性能测试；

② 测量滑阀泄漏量。

任务评价

序　号	能力点	掌握情况	序　号	能力点	掌握情况
1	工作原理理解		3	故障查找	
2	操作能力				

思考与练习

1. 指出小孔流量通用公式 $q = CA_T \Delta p^\varphi$ 中各物理量的代数含义。

2. 某圆柱形滑阀如图 1-24 所示，已知阀芯直径 $d = 2$ cm，进口油压 $p_1 = 9.8$ MPa，出口油压 $p_2 = 9.8$ MPa，油的密度 $\rho = 900$ kg/m³，阀口的流量系数 $C_q = 0.65$，阀口开度 $x = 2$ mm。求通过阀口的流量。

3. 如图 1 – 25 所示，已知泵的供油压力为 $p = 3.2$ MPa，薄壁小孔节流阀 Ⅰ 的通流截面 $A_1 = 200$ mm^2，薄壁小孔节流阀 Ⅱ 的通流截面 $A_2 = 100$ mm^2，求活塞向右运动的速度 v 为多少？液压缸无杆腔的面积为 $A = 100$ cm^2，油的密度 $\rho = 900$ kg/m^3，负载 $F = 16$ kN，油液的流量系数 $C_d = 0.62$。

图 1 –24　圆柱形滑阀

图 1 –25　泵

项目二

液压系统组成元件

液压系统由动力元件、执行元件、控制元件以及一些必要的辅助元件组成。这些元件是组成液压系统最基本的单元，其性能的好坏直接影响系统的使用性能以及能否实现所要达到的工作要求。只有充分理解了各组成元件的工作原理、性能特点并能正确识别相应的图形符号后，才能完成液压系统的设计、安装、使用、维护等工作，因此本项目是学好液压技术的基础。

任务一　液压系统组成及图形符号的认识

任务目标

- 能够读懂液压系统原理图；
- 正确识别液压原理图中图形符号所对应的液压元件；
- 能够熟悉各组成元件的作用及所属归类。

任务描述

图 2-1 为机床工作台液压系统原理图，请正确指出该系统的各功能部分，并正确识别各图形符号所对应的元件，按照要求在试验台上进行回路连接。

知识与技能

如图 2-1 所示，液压系统由油箱 19、滤油器 18、液压泵 17、溢流阀 13、开停阀 10、节流阀 7、换向阀 5、液压缸 2 以及连接这些元件的油管和管接头等组成。其工作原理如下：液压泵 17 受原动机驱动后，从油箱 19 中吸油。油液经滤油器进入液压泵，油液在泵腔中从入口低压到泵出口高压，在图 2-1（a）所示状态下，通过开停阀 10、节流阀 7、换向阀 5 进入液压缸 2 左腔，推动活塞使工作台向右移动。这时液压缸 2 右腔的油液经换

液压与气动技术

向阀和油管6排回油箱。如果将换向阀手柄转换成图2-1（b）所示状态，则压油管11中的油液将经过开停阀10、节流阀7和换向阀5进入液压缸2右腔、推动活塞3使工作台1向左移动，并使液压缸2左腔的油液经换向阀5和油管6排回油箱。工作台1的移动速度是通过节流阀7来调节的。当节流阀7开大时，进入液压缸2的油液量增多，工作台1的移动速度增大；当节流阀7关小时，进入液压缸2的油液量减小，工作台1的移动速度减小。为了克服移动工作台1时所受到的各种阻力，液压缸2必须提供一个足够大的推力，这个推力是由液压缸2中的油液压力所产生的。要克服的阻力越大，液压缸2中的油液压力越高；反之油液压力就越低。

动画

机床工作台

（a）　　　　　（b）

图2-1　机床工作台液压系统原理图（1）

1—工作台；2—液压缸；3—活塞；4—换向手柄；5—换向阀；6、8、16—油管；
7—节流阀；9—开停手柄；10—开停阀；11—压油管；12—压油支管；13—溢流阀；
14—钢球；15—弹簧；17—液压泵；18—滤油器；19—油箱

这种现象说明了液压传动的一个基本原理——油液压力决定于负载。从机床工作台液压系统的工作过程可以看出，一个完整的、能够正常工作的液压系统，应该由以下主要部分组成。

① 能源装置：它是供给液压系统压力油，把机械能转换成液压能的装置。最常见的形式是液压泵。

② 执行装置：它是把液压能转换成机械能的装置。其形式有做直线运动的液压缸和

36

做回转运动的液压马达，它们又称液压系统的执行元件。

③ 控制调节装置：它是对液压系统中的油液压力、流量或流动方向进行控制或调节的装置。如溢流阀、节流阀、换向阀、开停阀等。

④ 辅助装置：上述三部分之外的其他装置，如油箱、滤油器及油管等。它们对保证系统正常工作是必不可少的。

⑤ 工作介质：传递能量的流体，如液压油等。

图 2-1 为一种半结构式的液压系统原理图，它有直观性强、容易理解等优点，当液压系统发生故障时，根据原理图检查十分方便，但图形比较复杂，绘制比较麻烦。因此我国已经制定了一种用规定的图形符号来表示液压系统原理图中的各元件和连接管路的国家标准，即 GB/T 786.1—2009《液压系统图图形符号》。图 2-1 所示液压系统原理图可简化为图形符号图，如图 2-2 所示。使用这些图形符号可使液压系统原理图简单明了，且便于绘图。

对于图形符号有以下几条基本规定：

① 图形符号只表示元件的职能，连接液压系统的通路，不表示元件的具体结构和参数，也不表示元件在机器中的实际安装位置。

② 元件图形符号内的油液流动方向用箭头表示，线段两端都有箭头的，表示流动方向可逆。

③ 图形符号均以元件的静止位置或中间零位置图表示，当液压系统的动作另有说明时，可例外。

其他图形符号见附录 A。

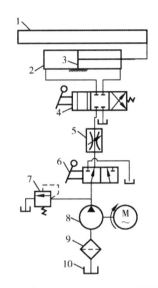

图 2-2　机床工作台液压系统原理图（2）

1—工作台；2—液压缸；3—活塞；4—换向阀；
5—节流阀；6—开停阀；7—溢流阀；8—液压泵；
9—滤油器；10—油箱

任务实施

① 熟悉实验室操作规程，掌握文明操作要求事项；

② 理解液压系统所实现的功能；

③ 读懂液压系统原理图；

④ 找出对应的功能元件；

⑤ 按照要求完成安装。

视频 ●········

液压系统组成

········●

37

任务评价

序　号	能力点	掌握情况	序　号	能力点	掌握情况
1	安全操作		4	组成部分划分	
2	功能理解		5	元件识别	
3	原理图识读		6	系统安装	

思考与练习

1. 列举出常见的液压传动系统的载体，并说明在其液压传动系统中各组成元件的名称及该载体的工作过程及其控制过程。

2. 对照图 2 – 2 叙述机床工作台液压系统的工作原理。

任务二　液压动力元件的认识

液压动力元件起着向液压系统提供动力的作用，是液压系统中的核心元件。液压系统以液压泵作为向系统提供一定流量和压力油液的动力元件，它将原动机（电动机或内燃机）输出的机械能转换为油液的液压能，是一种能量转换装置。

子任务一　液压泵原理分析及参数的认识

任务目标

- 理解常用液压泵的结构组成及工作原理；
- 掌握液压泵的性能参数。

任务描述

通过铭牌了解液压泵的性能参数。

知识与技能

1. 液压泵的工作原理

液压系统的动力元件通常为液压泵，为液压系统提供具有一定压力和流量的液压油。

图 2 – 3 为单柱塞液压泵的工作原理图。图中柱塞 2 安装在缸体 3 中形成一个密封容

积 a，柱塞在弹簧4的作用下始终紧贴在偏心轮1上。原动机驱动偏心轮1旋转时，柱塞2将做往复运动，使密封容积 a 的大小发生周期性的交替变化。当 a 由小变大时就形成部分真空，油箱中油液在大气压作用下，经吸油管顶开单向阀5进入密封容积 a 而实现吸油；反之，当 a 由大变小时，a 中吸满的油液将顶开单向阀6流入液压系统而实现压油。原动机驱动偏心轮不断旋转，液压泵就不断地吸油和压油，这样液压泵就将原动机输入的机械能转换成油液的液压能输出。

● 视频

单柱塞式液压泵工作原理

图2-3 单柱塞液压泵工作原理图

1—偏心轮；2—柱塞；3—缸体；4—弹簧；5、6—单向阀

以上是以单柱塞液压泵来分析液压泵的工作原理的，它代表了液压泵的共同性质。液压泵都是依靠密封容积变化的原理来进行工作的，故一般称为容积式液压泵。

2. 液压泵的主要性能参数

（1）工作压力、额定压力及最高允许压力

① 工作压力：液压泵实际工作时的输出压力称为工作压力。工作压力的大小取决于负载。

② 额定压力：液压泵在正常工作条件下，按试验标准规定连续运转的最高压力称为液压泵的额定压力。

③ 最高允许压力：在超过额定压力的条件下，根据试验标准规定，允许液压泵短暂运行的最高压力值，称为液压泵的最高允许压力。超过这个压力液压泵很容易损坏。

（2）排量和流量

① 排量 V：一般情况下，主轴旋转一周，由其密封容积几何尺寸变化计算而得的排出油液的体积称为液压泵的排量，简称排量（m^3/r）。如液压泵排量固定，则为定量泵，排量可变，则为变量泵。

② 理论流量 q_t：在不考虑液压泵的泄漏流量的情况下，在单位时间内所排出的油液体积的平均值。显然，如果液压泵的排量为 V，其主轴转速为 n，则该液压泵的理论流量 q_t 为

$$q_t = Vn \tag{2-1}$$

式中：V——液压泵的排量（m^3/r）；

n——液压泵的转速（r/s）。

③ 实际流量 q：液压泵在某一具体工况下，单位时间内所排出的油液体积称为实际流量，它等于理论流量 q_t 减去泄漏流量 q_1，即

$$q = q_t - q_1 \tag{2-2}$$

④ 额定流量 q_n：液压泵在正常工作条件下，按试验标准规定（如在额定压力和额定转速下）必须保证的流量。

（3）功率和效率

① 液压泵的功率损失。

a. 容积损失：容积损失是指液压泵流量上的损失，液压泵的实际流量总是小于其理论流量，这主要是由于液压泵内部高压腔的泄漏，油液的压缩以及在吸油过程中由于吸油阻力太大、油液黏度大及液压泵转速高等原因而导致油液不能全部充满密封工作容积。液压泵的容积损失用容积效率来表示，它等于液压泵的实际流量 q 与其理论流量 q_t 之比，即

$$\eta_v = \frac{q}{q_t} = \frac{q_t - q_1}{q_t} = 1 - \frac{q_1}{q_t} \tag{2-3}$$

因此液压泵的实际流量 q 为

$$q = q_t \eta_v = V_n \eta_v \tag{2-4}$$

液压泵的容积效率随着液压泵工作压力的增大而减小，且随液压泵的结构类型不同而异，但恒小于 1。

b. 机械损失：机械损失是指液压泵在转矩上的损失。液压泵的实际输入转矩 T_i 总是大于理论上所需要的转矩 T_t，其主要原因是由于液压泵体内相对运动部件之间因机械摩擦而引起的摩擦转矩损失，以及油液的黏性而引起的摩擦损失。液压泵的机械损失用机械效率表示，它等于液压泵的理论转矩 T_t 与实际输入转矩 T_i 之比，设转矩损失为 ΔT，则液压泵的机械效率为

$$\eta_m = \frac{T_t}{T_i} = \frac{T_t}{T_t + \Delta T} = \frac{1}{1 + \dfrac{\Delta T}{T_t}} \tag{2-5}$$

② 液压泵的功率。

a. 输入功率 P_i：液压泵的输入功率是指作用在液压泵主轴上的机械功率，当输入转矩为 T_i，角速度为 ω 时，有

$$P_i = T_i \omega \tag{2-6}$$

b. 输出功率 P：液压泵的输出功率是指液压泵在工作过程中的实际吸、压油口间的压力差 Δp 和实际流量 q 的乘积，即

$$P = \Delta pq \qquad\qquad (2-7)$$

式中：P——液压泵的输出功率（W）；

Δp——液压泵吸、压油口之间的压力差（MPa）；

q——液压泵的实际流量（m^3/s）。

在工程实际中，液压泵吸、压油压力差的计量单位常用 MPa 表示，实际流量 q 的计量单位用 L/min 表示，则液压泵的输出功率 P（kW）可表示为

$$P = \frac{\Delta pq}{60} \qquad\qquad (2-8)$$

在实际的计算中，若油箱通大气，液压泵吸、压油的压力差往往用液压泵出口压力 p 代入。

③ 液压泵的总效率：液压泵的总效率是指液压泵的实际输出功率与其输入功率的比值，即

$$\eta = \frac{P}{P_\text{i}} = \frac{\Delta pq}{T_\text{i}\omega} = \eta_\text{V}\eta_\text{m} \qquad\qquad (2-9)$$

式中：η——液压泵总效率；

η_V——液压泵的容积效率；

η_m——液压泵的机械效率。

由式（2-9）可知，液压泵的总效率等于其容积效率与机械效率的乘积，所以液压泵的输入功率也可写成

$$P_\text{i} = \frac{\Delta pq}{\eta} \qquad (2-10)$$

液压泵的各个参数和压力之间的关系如图 2-4 所示。

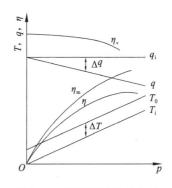

图 2-4　液压泵的特性曲线

[例题] 某液压系统，泵的排量 $Q = 10$ mL/r，电动机转速 $n = 1\,200$ r/min，泵的输出压力 $p = 5$ MPa，泵容积效率 $\eta_\text{V} = 0.92$，总效率 $\eta = 0.84$，求：

（1）泵的理论流量；（2）泵的实际流量；（3）泵的输出功率；（4）驱动电动机功率。

解：（1）泵的理论流量为 $Q_\text{th} = Q \cdot n = 10 \times 10^{-3} \times 1\,200 = 12$（L/min）

（2）泵的实际流量 $Q_\text{ac} = Q_\text{th} \cdot \eta_\text{V} = 12 \times 0.92 = 11.04$（L/min）

（3）泵的输出功率 $P_\text{ac} = \dfrac{pQ}{60} = \dfrac{5 \times 11.04}{60} = 0.9$（kW）

（4）驱动电动机功率 $P_\text{m} = \dfrac{P_\text{ac}}{\eta} = \dfrac{0.9}{0.84} = 1.07$（kW）

3. 液压泵的图形符号（见图 2-5）

（a）单向定量液压泵　　（b）单向变量液压泵　　（c）双向定量液压泵　　（d）双向变量液压泵

图 2-5　液压泵的图形符号

任务实施

① 记录液压泵铭牌参数；

② 测量液压泵性能曲线。

任务评价

序　号	能力点	掌握情况	序　号	能力点	掌握情况
1	操作规程		3	工作原理理解	
2	操作能力		4	计算分析	

思考与练习

1. 容积式液压泵的工作原理是什么？有哪几个必要条件？

2. 一液压压力机额定工作参数为：额定压力 35 MPa，柱塞直径 200 mm，行程 70 mm，额定流量为 80 L/min，外形尺寸为 2.4 m×2 m×2.65 m，电动机功率 55 kW，电动机转速为 1 470 r/min，试通过查阅手册，确定该液压系统所选择柱塞泵的型号及其主要性能参数。

3. 已知 CB-B100 齿轮泵的额定流量 $q_r = 100$ L/min，额定压力 $p = 25 \times 10^5$ Pa，泵的主轴转速 $n = 1\,450$ r/min，泵的机械效率 $\eta_m = 0.9$。由实验测得，当泵的出口压力 $p = 0$ 时，其实际流量 $q_1 = 106$ L/min；$p = 25 \times 10^5$ Pa 时，其流量 $q_2 = 100.7$ L/min。

① 求该泵的容积效率 η_v。

② 如泵的转速降至 600 r/min，在额定压力下工作时，估算此时泵的实际流量 q 为多少？该转速下泵的容积效率 η_v 为多少？

子任务二　外啮合齿轮泵的结构分析

任务目标

- 掌握齿轮泵的工作原理；
- 能够正确拆装齿轮泵，掌握各零件的名称；
- 能够了解高压齿轮泵的结构特点。

任务描述

正确拆卸一台 CB – B 外啮合齿轮泵并组装，指出该泵各部分的功能及容易出故障的部分。

知识与技能

1. 齿轮泵的工作原理

齿轮泵是一种常用液压泵，其主要优点是结构简单、制造方便、价格低廉、体积小、质量小、自吸性能好、对油液污染不敏感、工作可靠；其主要缺点是流量和压力的脉动大、噪声大、排量不可调。

外啮合齿轮泵主要由泵体、一对啮合的齿轮、泵轴和前后泵盖组成。

在图 2 – 6 中，外啮合齿轮泵右侧（吸油腔）齿轮脱开啮合，使密封容积增大，形成局部真空，油箱中的油液在外界大气压的作用下，经吸油管路、吸油腔进入齿间。随着齿轮的旋转，吸入齿间的油液被带到另一侧，进入压油腔。这时轮齿进入啮合，使密封容积逐渐减小，齿轮间部分的油液被挤出，形成了齿轮泵的压油过程。齿轮啮合时齿向接触线把吸油腔和压油腔分开，起配油作用。

为了防止压力油从泵体和泵盖间泄漏到泵外，图 2 – 6　外啮合型齿轮泵工作原理
并减小压紧螺钉所受的拉力，在泵体两侧的端面上开有油封卸荷槽，将渗入泵体和泵盖间的压力油引入吸油腔。并在泵盖和从动轴上开有小孔，其作用是将泄漏到轴承端部的压力油也引到泵的吸油腔去，防止油液外溢，同时也润滑了轴承。

动画 ●

外啮合齿轮泵
组成

动画 ●

外啮合型齿轮
泵工作原理

2. 齿轮泵的结构特点

（1）齿轮泵的困油问题

齿轮泵要连续地供油，就要求齿轮啮合的重叠系数 ε 大于1，也就是当一对齿轮尚未脱开啮合时，另一对齿轮已进入啮合，这样就出现同时有两对齿轮啮合的瞬间，在两对齿轮的齿向啮合线之间形成了一个封闭容积，一部分油液也就被困在这一封闭容积中如图2-7（a）所示，齿轮连续旋转时，这一封闭容积便逐渐减小，到两啮合点处于节点两侧的对称位置时如图2-7（b）所示，封闭容积为最小，齿轮再继续转动时，封闭容积又逐渐增大，直到图2-7（c）所示位置时，封闭容积又变为最大。在封闭容积减小时，被困油液受到挤压，压力急剧上升，使轴承上突然受到很大的冲击载荷，泵剧烈振动，这时高压油从一切可能泄漏的缝隙中挤出，造成功率损失，使油液发热等。当封闭容积增大时，由于没有油液补充，因此形成局部真空，使原来溶解于油液中的空气分离出来，形成了气泡，油液中产生气泡后，会引起噪声、气蚀等现象。以上情况就是齿轮泵的困油现象，这种困油现象严重地影响着泵的工作平稳性和使用寿命。

图2-7　齿轮泵的困油现象

为了消除困油现象，在CB-B外啮合齿轮泵的泵盖上铣出两个困油卸荷凹槽，其几何关系如图2-8（a）所示。卸荷槽的位置应该使封闭腔由大变小时，能通过卸荷槽与压油腔相通，而当困油腔由小变大时，能通过另一卸荷槽与吸油腔相通。两卸荷槽之间的距离为 a，必须保证在任何时候都不能使压油腔和吸油腔互通。

按上述原理加工对称卸荷槽后，当封闭腔由大变至最小时，由于油液不易从即将关闭的缝隙中挤出，故封闭油液压力仍将高于压油腔油液压力；齿轮继续转动，当封闭腔和吸油腔相通的瞬间，高压油又突然和吸油腔的低压油相接触，会引起冲击和噪声。于是CB-B外啮合齿轮泵将卸荷槽的位置整个向吸油腔侧平移了一个距离，这时封闭腔只有在由小变至最大时才和压油腔断开，油液压力没有突变，封闭腔和吸油腔接通时，封闭腔不会出现真空也没有压力冲击，这样改进后，齿轮泵的振动和噪声得到了改善。

（2）齿轮泵的径向不平衡力

齿轮泵工作时，齿轮和轴承均受到径向油液压力的作用。如图2-8（b）所示，泵的下侧为吸油腔，上侧为压油腔。在压油腔内有径向油液压力作用于齿轮上，沿着齿顶外周分布有大小不等的压力，这就是齿轮和轴承受到的径向不平衡力。径向油液压力越高，这个径向不平衡力就越大，其结果不仅加速了轴承的磨损，缩短了轴承的寿命，甚至使轴变形，造成齿顶和泵体内壁的摩擦等。为了解决径向力不平衡的问题，在有些齿轮泵上，采用开压力平衡槽的办法来消除径向不平衡力，但这将导致泄漏增大，容积效率降低等问题的发生。CB－B 外啮合齿轮泵则采用缩小压油腔，以减少径向油液压力对齿顶部分的作用面积来减小径向不平衡力，所以泵的压油口孔径比吸油口孔径要小。

图 2－8　齿轮泵的困油卸荷槽图及径向不平衡力

（3）齿轮泵的泄漏

在液压泵中，运动件之间是靠微小间隙密封的，这些微小间隙成为摩擦副，而高压腔的油液通过间隙向低压腔泄漏是不可避免的。齿轮泵压油腔的压力油可通过三条途径泄漏到吸油腔去：一是通过齿轮啮合线处的间隙（齿侧间隙）；二是通过泵体定子环内孔和齿顶间隙的径向间隙（齿顶间隙）；三是通过齿轮两端面和侧板间的间隙（端面间隙）。在这三类间隙中，端面间隙的泄漏量最大，压力越高，由间隙泄漏的压力油就越多，因此为了实现齿轮泵的高压化，提高齿轮泵的压力和容积效率，需要从结构上来采取措施，对端面间隙进行自动补偿。

任务实施

① 齿轮泵的拆卸，拆卸步骤详述如下：

第一步，拆卸螺栓，取出右端盖；

第二步，取出右端盖密封圈；

第三步，取出泵体；

第四步，取出被动齿轮和轴，主动齿轮和轴；

第五步，取出左端盖上的密封圈。

② 主要零件分析，详述如下：

轻轻取出泵体，观察卸荷槽及吸、压油腔等结构，弄清楚其作用。

a. 泵体：泵体的两端面开有卸荷槽 c，由侧面泄漏的油液经卸荷槽 c 流回吸油腔，这样可以降低泵体与端盖结合面间泄漏油液的压力。从图 2-9 所示的端盖零件剖切示意图中可以看到左端进油口 m 通过孔 d 进入泵体的吸油腔，右端的排油腔通过孔 e 通到压油口 n。

b. 端盖：左右端盖都铣有槽 a 和 b，使轴向泄漏的油液经槽 a 和 b 流回吸油腔。端盖内侧还开有卸荷槽 f 和 g，用来消除困油。端盖上吸油口大，压油口小，用来减小作用在轴和轴承上的径向不平衡力。

c. 油泵齿轮：两个齿轮的齿数和模数都相等，轴向间隙直接由齿轮和泵体厚薄的公差来决定，齿轮与端盖间轴向间隙为 0.03 ~ 0.04 mm。

d. 齿轮泵轴承：齿轮泵从动轴承（短轴）承受着压油腔的油液压力和两齿轮的啮合力，主动轴承（长轴）也承受着同样大小的两个力，但因从动轴承所受两力的夹角小于主动轴承，所以从动轴承比主动轴承容易磨损。

图 2-9 CB-B 外啮合齿轮泵的零件图

a—泵体；b—端盖；c—齿轮油泵；d—齿轮泵轴承；e—通过孔；f, g—卸荷槽；m—进油口；n—压油口

③ 齿轮泵的清洗，详述如下：

液压元件在拆卸完成后或装配前，必须进行彻底的清洗，以除去零部件表面黏附的防锈油、锈迹、铁屑、油泥等污物。不同零部件可以根据具体情况采取不同的清洗方法。比如，对于泵体等外部较粗糙的部件表面可以用钢丝刷、毛刷等工具进行刷洗，以去除黏附的铁锈、油泥等污物；对于啮合齿轮可以使用棉纱、抹布等进行擦洗；对于形状复杂的零件或者黏附的污垢比较顽固、难于用以上方法除去的，可采用浸洗的方法，即把零件先放在清洗液中浸泡一段时间后再进行清洗。

常用清洗液有汽油、煤油、柴油及氢氧化钠溶液等，因柴油不易挥发，成本低廉，故本任务选用柴油作为清洗液。

清洗顺序具体如下：

第一步，清洗一对相互啮合的齿轮；

第二步，清洗齿轮轴；

第三步，清洗密封圈和轴承；

第四步，清洗泵体、泵盖和螺栓等。

④ 齿轮泵的装配，步骤如下：

第一步，将主动齿轮（含轴）和从动齿轮（含轴）啮合后装入泵体内；

第二步，装左右端盖的密封圈；

第三步，用螺栓将左泵盖、泵体和右泵盖拧紧；

第四步，用堵头将泵进出油口密封（必须做这一步）。

拆装注意事项：

a. 拆装中应用铜棒敲打零部件，以免损坏零部件和轴承。

b. 拆卸过程中，遇到元件卡住的情况时，不要乱敲硬砸。

c. 装配时，遵循先拆的零部件后安装，后拆的零部件先安装的原则，正确合理的安装，脏的零部件应用柴油清洗后才可安装，安装完毕后应使泵转动灵活平稳，没有阻滞、卡死现象。

d. 装配齿轮泵时，先将齿轮及轴装在右泵盖的滚针轴承内，轻轻装上泵体和左泵盖，打紧定位销，拧紧螺栓，注意使其受力均匀。

任务评价

序　号	能力点	掌握情况	序　号	能力点	掌握情况
1	安全操作		4	清洗方法、效果	
2	拆卸顺序		5	安装质量	
3	零部件功能分析				

思考与练习

1. 齿轮泵由哪几部分组成？各密封腔是怎样形成的？

2. 写出外啮合齿轮泵 CB – B 型号的含义。

3. 齿轮泵的困油现象的原因及消除措施有哪些？

4. 外啮合齿轮泵有无配流装置？它是如何完成吸、压油分配的？

5. 外啮合齿轮泵中存在几种可能产生泄漏的途径？为了减小泄漏，应采取什么措施？

6. 拆卸液压元件应注意哪些问题？

7. 清洗液压元件的常用方法有哪些？

拓展任务　螺杆泵及内啮合齿轮泵结构原理分析

任务目标

- 了解内啮合齿轮泵的结构组成及工作原理；
- 了解螺杆泵的结构组成及工作原理；
- 了解内啮合齿轮泵和螺杆泵的特点。

任务描述

查阅资料，掌握螺杆泵和内啮合齿轮泵的结构组成及工作原理，分析其性能特点。

知识与技能

1. 螺杆泵

螺杆泵实质上是一种外啮合的摆线齿轮泵，它的主要工作机构是偏心螺旋体的凸螺杆（转子）和内表面呈双线螺旋面的凹螺杆（定子），螺杆可以有两个，也可以有三个。

图2-10　三螺杆泵工作原理
1—从动螺杆；2—吸油口；3—主动螺杆；4—压油口

图2-10所示为三螺杆泵的工作原理。三个互相啮合的双头螺杆装在壳体内，主动螺杆3为凸螺杆，从动螺杆1为两个凹螺杆，三个螺杆的啮合线把主动螺杆和从动螺杆的螺旋槽分隔成多个相互独立的密封工作腔。随着螺杆的旋转，这些螺杆每转一周，密封工作腔内的液体向前推进一个螺距，随着螺杆的连续转动，油液以螺旋形方式从一个密封工作腔压向另一个密封工作腔，最后挤出泵体。密封工作腔形成时，它的容积逐渐增大，从吸油口2处进行吸油；密封工作腔消失时容积逐渐缩小，将油液从压油口4处压入下一个密封工作腔，依次传递，最后挤出泵体。螺杆泵的排量大小由密封工作腔的容积决定，螺杆直径越大，螺旋槽越深，排量就越大；螺杆越长，密封工作腔的个数就越多，密封性就越好，泵的额定压力就越高。

螺杆泵是一种新型的液压动力元件，具有结构简单、紧凑、运转平稳、出液连续均匀、噪声小以及工作安全可靠等优点，特别适用于对压力和流量稳定性要求较高的精密机械。此外，螺杆泵容许采用高转速，容积效率高（可达90%～95%），流量大，螺杆泵内的油液从吸油腔到压油腔为无搅动的提升，对油液的污染不敏感，因此常用来输送黏度较大的油液。

螺杆泵的主要缺点是齿形加工工艺复杂，加工精度要求高，需要专门的加工设备，成本较高，故应用受到一定的限制。

2. 内啮合齿轮泵

内啮合齿轮泵的工作原理也是利用齿间密封容积的变化来实现吸、压油的。内啮合齿轮泵有渐开线齿轮泵和摆线齿轮泵两种，如图 2-11 所示。

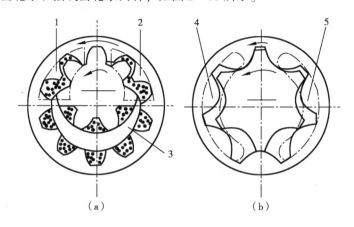

图 2-11　内啮合齿轮泵的工作原理图

1—吸油腔；2—压油腔；3—月牙形的隔板；4、5—配油窗口

在渐开线齿形的内啮合齿轮泵中，外齿轮和内齿轮之间安装有一块月牙形的隔板 3，以便把吸油腔 1 和压油腔 2 隔开 ［见图 2-11 （a）］。摆线形内啮合齿轮泵是由配油盘（前、后盖）、外转子（从动轮）和偏心安置在泵体内的内转子（主动轮）等组成。内、外转子相差一齿，图 2-11 （b） 所示内转子为六齿，外转子为七齿，由于内外转子是多齿啮合，这就形成了若干密封容积。当内转子围绕中心旋转时，带动外转子绕外转子中心做同向旋转。这时，由内转子齿顶和外转子齿谷间形成的密封工作容积，随着转子的转动密封工作容积就逐渐扩大，于是就形成局部真空，油液从配油窗口 4 被吸入密封工作容积，当转子继续旋转时，充满油液的密封工作容积便逐渐减小，油液受挤压，于是通过另一配油窗口 5 将油液排出，内转子每转一周，由内转子齿顶和外转子齿谷所构成的每个密封工作容积完成吸、压油各一次，当内转子连续转动时，即完成了液压泵的吸、压油工作。

内啮合齿轮泵的外转子齿形是圆弧，内转子齿形为短幅外摆线的等距线，故称为内啮合摆线齿轮泵，又称转子泵。

内啮合齿轮泵有许多优点，如结构紧凑、体积小、零件少、转速高（可高达 1 000 r/min）、运动平稳、噪声低、容积效率较高等，缺点是流量脉动大、转子的制造工艺复杂等，目前已采用粉末冶金技术压制成型。随着工业技术的发展，内啮合齿轮泵的应用将会越来越广泛。

任务实施

① 查阅资料；

② 分析内啮合泵的结构组成及工作原理；

③ 了解螺杆泵的结构组成及工作原理。

任务评价

序　号	能力点	掌握情况	序　号	能力点	掌握情况
1	知识迁移能力		3	计算机操作能力	
2	分析问题能力				

思考与练习

1. 螺杆泵由哪几部分组成？各密封腔是怎样形成的？

2. 螺杆泵的密封工作区是指哪一部分？

3. 摆线形内啮合齿轮泵有无配流装置？它是如何完成吸、压油的？

4. 螺杆泵和内啮合齿轮泵各有哪些特点？

子任务三　叶片泵的结构原理分析

任务目标

看看叶片泵的工作原理及结构特点！

• 掌握叶片泵的工作原理；

• 能够正确拆装叶片泵，掌握各零件的名称；

• 能够分析限压式叶片泵的特性曲线。

任务描述

请正确拆卸 YB1 - 25 型定量双作用叶片泵并组装，指出该泵的各部分功能及容易出故障的部分。

知识与技能

叶片泵的结构较齿轮泵复杂，但其工作压力较高，且流量脉动小、工作平稳、噪声较小、寿命较长。所以它被广泛应用于机械制造中的专用机床、自动线等中低压液压系统中，但其结构复杂，吸油特性不太好，对油液的污染也比较敏感。

根据各密封工作容积在转子旋转一周吸、压油次数的不同，叶片泵分为两类，即完成一次吸、压油的单作用叶片泵和完成两次吸、压油的双作用叶片泵。单作用叶片泵多为变量泵，工作压力最大为 7.0 MPa；双作用叶片泵均为定量泵，一般最大工作压力也为 7.0 MPa，结构经改进的高压叶片泵的工作压力范围是 16.0 ~ 21.0 MPa。

1. 单作用叶片泵的组成及工作原理

（1）单作用叶片泵的组成

单作用叶片泵由转子、定子、叶片、壳体及端盖等主要零件组成。

（2）单作用叶片泵的工作原理

如图 2 - 12 所示，转子由传动轴带动绕自身中心旋转，定子是固定不动的，中心在转子中心的正上方，二者偏心距为 e。当转子旋转时叶片在离心力或在叶片底部通有压力油的作用下，使叶片紧靠在定子内表面，并在转子叶片槽内做往复运动。这样在定子内表面，转子外表面和端盖的空间内，每两个相邻叶片间形成密封工作容积，如果转子逆时针方向旋转，在转子定子中心连线的右半部，密封工作容积（吸油腔）逐渐增大，形成局部真空，油箱中

图 2 - 12 单作用叶片泵工作原理图

的油液在大气压力的作用下，被压入吸油腔，这就是叶片泵的吸油过程。同时在左半部，密封工作容积逐渐减小而压出油液，这就是叶片泵的压油过程。转子旋转一周，叶片泵完成一次吸油和压油。因单作用叶片泵径向受力不平衡，所以又称非平衡式叶片泵。

2. 双作用叶片泵的组成及工作原理

（1）双作用叶片泵的组成

图 2 - 13 为 YB1 - 25 型定量双作用叶片泵的工作原理图及结构图，在左泵体内安装有定子、转子以及左配油盘。转子上开有十二条倾斜的槽，叶片安装在槽内。转子由传动轴带动，传动轴间用两个油封密封，以防止漏油和空气进入。

（2）双作用叶片泵的工作原理

转子和定子是同心的，定子的内表面由两段大圆弧、两段小圆弧以及它们之间的四段过度曲线所组成。当转子逆时针旋转时，在离心力或在叶片底部通有压力油的作用下，使叶片紧靠在定子内表面。当叶片由短半径向长半径移动时，密封工作容积逐渐增大，形成局部真空，油箱中的油液在大气压力的作用下，被压入吸油腔，这就是叶片泵的吸油过

动画 ●

叶片泵结构图

动画 ●

柱塞泵工作原理

动画 ●

双作用叶片泵原理图

程。当叶片由长半径向短半径转动时，密封工作容积逐渐减小而排出油液，这就是叶片泵的压油过程。当转子旋转一周时，叶片泵完成两次吸油和压油。因双作用叶片泵径向受力平衡，所以又称平衡式叶片泵。

（a）YB1-25型定量双作用叶片泵的工作原理图　　　　（b）YB1-25型定量双作用叶片泵的立体结构图

图2-13　YB1-25型定量双作用叶片泵的工作原理及结构图

3. 限压式变量叶片泵的工作原理

限压式变量叶片泵是单作用叶片泵，根据前面介绍的单作用叶片泵的工作原理，改变定子和转子间的偏心距 e，就能改变泵的排量。从而改变泵的输出流量限压式变量叶片泵

图2-14　限压式变量叶片泵的工作原理

1—转子；2—定子；3—吸油窗口；4—活塞；
5—螺钉；6—活塞腔；7—通道；8—压油窗口；
9—调压弹簧；10—调压螺钉

能借助工作压力的大小自动改变偏心距 e 的大小来改变输出流量。当压力低于某一可调节的限定压力时，泵的输出流量最大；压力高于限定压力时，随着压力增加，泵的输出流量线性地减少，其工作原理如图2-14所示。泵的压油经通道7与活塞腔6相通。在泵未运转时，定子2在调压弹簧9的作用下，紧靠活塞4，并使活塞4靠在螺钉5上。这时定子和转子有一偏心量 e_0，调节螺钉5的位置，便可改变 e_0。当泵的出口压力 p 较低时，则作用在活塞4上的油液压力也较小，若此油液压力小于上端的弹簧力，当活塞的面积为 A、调压弹簧的刚度 k_s、预压缩量为 x_0

时，有

$$pA < k_s x_0 \qquad\qquad (2-11)$$

此时，定子相对于转子的偏心量最大，输出流量最大。随着负载的增大，液压泵的出口压力 p 也将随之提高，当压力升至与弹簧力相平衡的控制压力 p_B 时，有

$$p_B A = k_s x_0 \quad (2-12)$$

当压力进一步升高，当 $pA > k_s x_0$ 时，若不考虑定子移动时的摩擦力，油液压力就要克服弹簧力推动定子向上移动，随之泵的偏心量减小，泵的输出流量也减小。p_B 称为泵的限定压力，即泵处于最大流量时所能达到的最高压力，调节调压螺钉 10，可改变弹簧的预压缩量 x_0，即可改变 p_B 的大小。

设定子的最大偏心量为 e_0，偏心量减小时，弹簧的附加压缩量为 x，则定子移动后的偏心量 e 为

$$e = e_0 - x \quad (2-13)$$

这时，定子上的受力平衡方程式为

$$pA = k_s(x_0 + x) \quad (2-14)$$

将式（2-12）、式（2-14）代入式（2-13）可得

$$e = e_0 - A(p - p_B)/k_s (p > p_B) \quad (2-15)$$

式（2-15）表示了泵的工作压力与偏心量的关系，可以看出，泵的工作压力越高，偏心量就越小，泵的输出流量也就越小，且当 $p = k_s(e_0 + x_0)/A$ 时，泵的输出流量为零，控制定子移动的作用力是将液压泵出口的压力油引到柱塞上，然后再加到定子上去，这种控制方式称为外反馈式。

4. 限压式变量叶片泵与双作用叶片泵的区别

在限压式变量叶片泵中，当叶片处于压油区时，叶片底部通压力油，当叶片处于吸油区时，叶片底部通吸油腔，这样叶片的顶部和底部的油液压力基本平衡，这就避免了定量叶片泵在吸油区定子内表面严重磨损的问题。如果在吸油腔叶片底部仍通压力油，叶片顶部就会给定子内表面以较大的摩擦力，以致减弱了压力反馈的作用。

限压式变量叶片泵叶片也有倾角，但倾斜方向正好与双作用叶片泵相反，这是因为限压式变量叶片泵的叶片上下油液压力是平衡的，叶片从吸油区向外运动主要依靠其旋转时的离心惯性作用。根据力学原理分析，这样的倾斜方向更有利于叶片在离心惯性作用下向外伸出。

限压式变量叶片泵结构复杂，轮廓尺寸大，相对运动的机件多，泄漏较大，轴上承受不平衡的径向油液压力，噪声较大，容积效率和机械效率都没有定量叶片泵高，但是它能按负载压力自动调节流量，在功率使用上较为合理，可减少油液发热现象的发生。

任务实施

① 叶片泵拆卸步骤如下：

第一步，卸下螺栓，拆开泵体；

开始干活了！

第二步，取出右配油盘；

第三步，取出转子和叶片；

第四步，取出定子，再取左配油盘。

② 主要零件分析，详述如下：

a. 定子和转子。定子内表面曲线由四段圆弧和四段过渡曲线组成，过渡曲线保证叶片紧贴定子内表面上，并保证叶片在转子槽中运动时速度和加速度均匀变化，以减少叶片对定子内表面的冲击。转子的外表面是圆柱面，转子中心固定，开有沟槽以安置叶片。

b. 叶片。该泵共有 12 个叶片，流量脉动较小。叶片前角 13°，有利于叶片在叶片槽中灵活移动，防止卡死，并可减少磨损。

c. 配油盘。如图 2－15 所示，油液从吸油口 m 经过空腔 a，从左、右配油盘的吸油窗口 b 吸入，压力油从压油窗口 c 经右配油盘中的环形槽 d 及右泵体中的环形槽 e，从压油口压出。在配油盘断面开有环槽 f 与叶片槽底部 r 相通，右配油盘上的环槽又通过孔 h 与压油窗口 c 相通。这样压力油就可以进入到叶片底部，叶片在压力油和离心力的作用下压向定子表面，保证紧密接触以减少泄漏。在配油盘的压油窗口一边，开一条小三角卸荷槽（又称眉毛槽）s，使两叶片之间的封闭油液在未进入压油区之前就通过该三角槽与油液相通，使其压力逐渐上升，因而缓减了流量和压力脉动并降低了噪声。从转子两侧泄漏的油液，通过传动轴与右配油盘空中的间隙，从孔 g 流回吸油窗口 b。

图 2－15　YB1－25 型定量叶片泵零件图

a—空腔；b—吸油窗口；c—压油窗口；d—右配油盘中的环形槽；
e—右泵体中的环形槽；f—环槽；g、h—孔；m—吸油口；r—叶片槽底部；s—三角卸荷槽

③ 叶片泵的清洗步骤如下：

第一步，清洗叶片和转子；

第二步，清洗定子；

54

第三步，清洗配油盘和密封圈；

第四步，清洗轴承；

第五步，清洗泵体、泵盖和螺栓。

④ 叶片泵的装配步骤如下：

第一步，将叶片装入转子内（注意叶片的安装方向）；

第二步，将配油盘装入左泵体内，再放进定子；

第三步，将装好的转子放入定子内；

第四步，插入传动轴并安装配油盘（注意配油盘的方向）；

第五步，装上密封圈和右泵体，用螺栓拧紧。

拆装注意事项：

a. 拆解叶片泵时，先用内六方扳手在对称位置松开泵体上的螺栓后，再取掉螺栓，用铜棒轻轻敲打使花键轴和前泵体及泵盖部分从轴承上脱下，把叶片分成两部分。

b. 观察后泵体内定子、转子、叶片、配油盘的安装位置，分析其结构及特点，理解工作过程。

c. 取下泵盖，取出花键轴，观察所用的密封元件，理解其特点、作用。

d. 拆卸过程中，遇到元件卡住的情况时，不要乱敲硬砸。

e. 装配前，各零件必须仔细清洗干净，不得有切屑磨粒或其他污物。

f. 装配时，遵循先拆的部件后安装，后拆的零部件先安装的原则，正确合理的安装，注意配油盘、定子、转子、叶片应保持正确装配方向，安装完毕后应使泵转动灵活，没有卡死现象。

g. 叶片在转子槽内，配合间隙为 $0.015 \sim 0.025$ mm；叶片高度略低于转子的高度，其值为 0.005 mm。

任务评价

序　号	能力点	掌握情况	序　号	能力点	掌握情况
1	安全操作		4	清洗方法、效果	
2	拆卸顺序		5	安装质量	
3	零部件功能分析				

思考与练习

1. 写出 YB1-25 型定量叶片泵的含义。

2. 简述单、双作用叶片泵工作原理的不同。

3. 单作用叶片泵和双作用叶片泵在结构上有什么区别？

4. 叶片泵中定子、转子、配油盘及叶片能正常工作的正确位置如何保证？

5. 双作用叶片泵的定子内表面是由哪几段曲线组成的？

6. 某变量叶片泵（即单作用叶片泵）转子外径 $d = 83$ mm，定子内径 $D = 89$ mm，叶片宽度 $B = 30$ mm，调节变量时定子和转子之间最小间隙不小于 0.5 mm。求：① 叶片泵排量为 16 mL/r 时的偏心量 e；② 叶片泵最大可能的排量 V_{max}。

子任务四　柱塞泵的结构原理分析

任务目标

- 掌握柱塞泵的工作原理；
- 能够正确拆装柱塞泵，掌握各零件的名称；
- 能够分析柱塞泵常见故障。

任务描述

请正确拆卸 10SCY14 – 1B 型轴向柱塞泵并组装，同时指出该泵的各部分功能及容易出故障的部分。

认识一下柱塞泵！

知识与技能

柱塞泵是靠柱塞在缸体中做往复运动造成密封工作容积的变化来实现吸油与压油的液压泵，与齿轮泵和叶片泵相比，这种泵有许多优点。首先，构成密封工作容积的零件为圆柱形的柱塞和缸孔，加工方便，可得到较高的配合精度，密封性能好，在高压下工作仍有较高的容积效率；第二，只需改变柱塞的工作行程就能改变流量，易于实现变量；第三，柱塞泵中的主要零件均受压应力作用，材料强度性能可得到充分利用。由于柱塞泵压力高、结构紧凑、效率高、流量调节方便，故在需要高压、大流量、大功率的系统中和流量需要调节的场合，如龙门刨床、拉床、液压机、工程机械、矿山冶金机械及船舶上得到广泛的应用。柱塞泵按柱塞的排列和运动方向不同，可分为径向柱塞泵和轴向柱塞泵两大类。

1. 径向柱塞泵

径向柱塞泵的工作原理如图 2 – 16 所示，柱塞 1 径向排列装在缸体 2 中，缸体由原动机带动连同柱塞 1 一起旋转，所以缸体 2 一般称为转子，柱塞 1 在离心力的（或在低压油）作用下抵紧定子 4 的内壁，当转子按图示方向回转时，由于定子和转子之间有偏心距 e，柱塞绕经上半周时向外伸出，柱塞底部的密封工作容积逐渐增大，形成部分真空，因此便经过衬套3（衬套3压紧在转子内，并和转子一起回转）上的油孔从配油轴5和吸油口b吸油；当柱塞转到下半周时，定子内壁将柱塞向里推，柱塞底部的容积逐渐减小，向配油轴的压油口c压油，当转子回转一周时，每个柱塞底部的密封工作容积完成一次吸、压油，转子连续运转，即完成压吸油工作。配油轴固定不动，油液从配油轴上半部的两个孔a流入，从下半部两个油孔d压出，为了进行配油，配油轴在和衬套3接触的一段加工出上下两个缺口，形成吸油口b和压油口c，留下的部分形成封油区。封油区的宽度应能封住衬套上的吸、压油口，以防吸油口和压油口相连通，但尺寸也不能太大，以免产生困油现象。

图2-16　径向柱塞泵的工作原理

1—柱塞；2—缸体（转子）；3—衬套；4—定子；5—配油轴；a—配油轴上半部油孔；
d—配油轴下半部油孔；b—吸油口；c—压油口

2. 轴向柱塞泵

轴向柱塞泵是将多个柱塞配置在一个共同缸体的圆周上，并使柱塞中心线和缸体中心线平行的一种泵。轴向柱塞泵有两种形式：直轴式（斜盘式）和斜轴式（摆缸式），图2-17为直轴式轴向柱塞泵的工作原理图，这种泵主体由缸体1、配油盘2、柱塞3和斜盘4组成。柱塞沿圆周均匀分布在缸体内。斜盘轴线与缸体轴线倾斜一角度，柱塞靠机械装置（图2-17中为弹簧）或在低压油作用下压紧在斜盘上，配油盘2和斜盘4固定不转，当原动机通过传动轴使缸体转动时，由于斜盘的作用，迫使柱塞在缸体内做往复运动，并通过配油盘的配油窗口进行吸油和压油。如图2-17中所示回转方向，当缸体转角在π~2π范围内，柱塞向外伸出，柱塞底部缸孔的密封工作容积增大，通过配油盘的吸油窗口吸油；在0~π范围内，柱塞被斜盘推入缸体，使缸孔密封工作容积减小，通过配油盘的压油窗口压油。缸体每转一周，每个柱塞各完成吸、压油一次，如改变斜盘倾角，就能改变柱塞行程的长度，即改变液压泵的排量，改变斜盘倾角方向，就能改变吸油和压油的方向，即成为双向变量泵。

配油盘上吸油窗口和压油窗口之间的封油区宽度应稍大于柱塞缸体底部通油孔宽度，

但不能相差太大，否则会发生困油现象。一般在两配油窗口的两端部开有小三角槽，以减小冲击和噪声。

图 2 - 17　直轴式轴向柱塞泵的工作原理图

1—缸体；2—配油盘；3—柱塞；4—斜盘；5—传动轴；6—弹簧

斜轴式轴向柱塞泵的缸体轴线相对传动轴轴线成一倾角，传动轴端部用万向铰链及连杆与缸体中的每个柱塞相连接，当传动轴转动时，通过万向铰链及连杆使柱塞和缸体一起转动，并迫使柱塞在缸体中做往复运动，借助配油盘进行吸油和压油。这类泵的优点是变量范围大，泵的强度较高，但和上述直轴式相比，其结构较复杂，外形尺寸和质量均较大。

轴向柱塞泵的优点是：结构紧凑、径向尺寸小、惯性小、容积效率高，目前最高压力可达 40.0 MPa，甚至更高，一般用于工程机械、压力机等高压系统中，但其轴向尺寸较大，轴向作用力也较大，结构比较复杂。

10SCY14 - 1B 型轴向柱塞泵结构示意图如图 2 - 18 所示。该泵斜盘部分带有手动变量机构，通过调整斜盘倾角 γ，即可改变其排量，γ 角越大，排量越大，因此也是一种变量泵。

泵的右部为主体部分，泵体内装有缸体和配油盘等。缸体的七个轴向孔中各装有一个柱塞，柱塞球状头部装有一个滑靴，紧贴在斜盘上，柱塞头部和滑靴用球面配合，配合面间可以相对转动。为减少滑靴端面和斜盘间的滑动磨损，在柱塞和滑靴的中心加工有直径 1 mm 的小孔，缸中的压力油可经过小孔通到柱塞与滑靴及滑靴与斜盘的相对滑动表面间，起到静压支承的作用。定心弹簧装在内套和外套中，在弹簧力的作用下，一方面内套通过钢球和压盘将滑靴压向斜盘，使得柱塞在吸油位置时具有自吸能力，同时弹簧力又使得外套压在缸体的左端面上，和缸内的压力油作用力一起，使缸体和配油盘接触良好，减少泄漏。缸体用铝青铜制成，外面镶有缸套，并装在滚柱轴承上，用以支承斜盘作用在缸体上的径向分力。当传动轴带动缸体回转时，柱塞就在缸体内做往复运动，缸体底部的弧形孔就经配油盘上的吸、压配油窗口配油，以完成吸油和压油过程。

泵的左部为手动变量机构。斜盘两侧有两个耳轴支承在变量泵壳体前后相应的圆柱面上，故斜盘能在变量壳体内摆动。通过转动调节手轮使螺杆转动，带动柱塞做上下轴向运动，通过轴销使斜盘摆动，同时还通过装在柱塞上的销子和拨叉带动左端的刻度盘旋转，这样就可以观察柱塞上下的移动量，从而知道所调节流量的大小。调解好流量后，用锁紧螺母锁紧。

图 2-18 10SCY14-1B 型轴向柱塞泵结构示意图

任务实施

① 柱塞泵的拆卸步骤如下：

第一步，拆卸螺栓，取下左泵盖及其密封圈；

第二步，取出配油盘；

第三步，拆卸螺栓，取下右泵盖；

第四步，取出斜盘；

第五步，取出柱塞、滑靴和压盘；

第六步，从左端盖左侧将传动轴上的卡环取出，即可卸下传动轴。

② 主要零部件分析，详述如下：

a. 缸体，缸体用铝青铜制成，它上面有七个与柱塞相配合的圆柱孔，其加工精度很高，以保证既能相对滑动，又有良好的密封性能。缸体中心开有花键孔，与传动轴相配合。缸体右端面与配油盘相配合。缸体外表面镶有缸套并装在滚动轴承上。

b. 柱塞与滑靴，柱塞的球头与滑靴铰接。柱塞在缸体内做往复运动，并随缸体一起转动。滑靴随柱塞做轴向运动，并在斜盘的作用下绕柱塞球头中心摆动，使滑靴平面与斜盘斜面贴合。柱塞和滑靴中心开有直径 1 mm 的小孔，缸体中的压力油可进入柱塞和

动画 ●········

轴向柱塞泵
结构图

● ········

滑靴、滑靴和斜盘间的相对滑动表面，形成油膜，起静压支承作用，以减小这些零件的磨损。

c. 定心弹簧机构，定心弹簧通过内套、钢球和压盘将滑靴压向斜盘，使柱塞得到回程运动，从而使泵具有较好的自吸能力。同时，定心弹簧又通过外套使缸体紧贴配油盘，以保证泵启动时基本无泄漏。

d. 配油盘，如图 2 – 19 所示，配油盘上开有两条月牙形配油窗口 a、b，外圈的环形槽是卸荷槽 f，与回油相通，使直径超过卸荷槽的配油盘端面上的压力降低到零，保证配油盘端面可靠地贴合。两个通孔 c（相当于叶片泵配油盘上的三角槽）起减少冲击、降低噪声的作用。四个小盲孔起储油润滑作用。配油盘下端的缺口，用来与右泵盖准确定位。

图 2 19 10SCY14 – 1B 型轴向柱塞泵零件实体图

a、b—配油窗口；c—通孔；f—卸荷槽

e. 滚动轴承：用来承受斜盘作用在缸体上的径向力。

f. 变量机构：变量柱塞装在变量壳体内，并与螺杆相连。斜盘前后有两根耳轴支承在变量泵壳体上，并可绕耳轴中心线摆动。斜盘中部装有销轴，其左侧球头插入变量柱塞的孔内。转动调节手轮，使螺杆带动变量柱塞上下移动，通过销轴使斜盘摆动，从而改变了斜盘倾角 γ，达到变量目的。

③ 柱塞泵的清洗步骤如下：

第一步，清洗柱塞、滑靴和缸体；

第二步，清洗变量机构阀芯（变量泵）；

第三步，清洗斜盘、压盘和密封圈；

第四步，清洗轴承；

第五步，清洗泵体、泵盖和螺栓。

④ 柱塞泵的装配步骤如下：

第一步，将柱塞装入压盘内，并装入内滑套，再装入缸体内；

第二步，将传动轴装入左泵盖，再安装配油盘和密封圈；

第三步，装泵体后，拧紧螺栓，再装入缸体；

第四步，安装斜盘；

第五步，在右泵盖装上密封圈后，用螺栓将右泵盖和泵体连接。

拆装注意事项：

a. 拆卸轴向柱塞泵时，先拆下变量机构，取出斜盘、柱塞、压盘、套筒、定心弹簧及钢球，注意不要损伤，观察、分析其结构特点，搞清楚各自的作用。

b. 轻轻敲打泵体，取出缸体，取下螺栓将泵体拆分为中间泵体和前泵体两部分，注意观察、分析其结构特点，搞清楚各自的作用，尤其注意配油盘的结构、作用。

c. 拆卸过程中，遇到元件卡住的情况时，不要乱敲硬砸。

d. 装配时，先装中间泵体和前泵体，然后装好配油盘，之后装上定心弹簧、套筒、钢球、压盘及柱塞；在变量机构上装好斜盘，最后用螺栓把泵体和变量机构连接为一体。

e. 装配中，注意不能最后把花键轴装入缸体的花键槽中，更不能猛烈敲打花键轴，避免花键轴推动钢球顶坏压盘。

f. 安装时，遵循先拆的零部件后安装，后拆的零部件先安装的原则，安装完毕后应使花键轴带动缸体转动灵活，没有卡死现象。

任务评价

序　号	能力点	掌握情况	序　号	能力点	掌握情况
1	安全操作		4	清洗方法、效果	
2	拆卸顺序		5	安装质量	
3	零部件功能分析				

思考与练习

1. 轴向柱塞泵由哪几部分组成？

2. 叙述轴向柱塞泵的工作过程。

3. 柱塞泵是如何实现配油的？

4. 柱塞泵的配油盘上开有几个槽孔？各有什么作用？

5. 手动变量机构由哪些零件组成？如何调节泵的流量？

6. 说明轴向柱塞泵中变量机构改变输出流量的过程。

7. 已知轴向柱塞泵的额定压力 $p = 16$ MPa，额定流量 $q = 330$ L/min，设液压泵的总效率 $\eta = 0.9$，机械效率 $\eta_m = 0.93$。求：① 驱动泵所需的额定功率；② 计算泵的泄漏流量。

8. ZB75 型轴向柱塞泵有七个柱塞，柱塞直径 $d=23$ mm，柱塞中心分布圆直径 $D_0 = 71.5$ mm。问当斜盘倾斜角 $\gamma = 20°$ 时液压泵的排量 V_0 等于多少？当转速 $n=1\,500$ r/min 时，设已知容积效率 $\eta_V = 0.93$。问液压泵的流量 q 应等于多少？

子任务五　液压泵的选用

熟悉各种泵的
性能特点很重要！

📢 任务目标

- 掌握液压泵的选用原则；
- 了解不同液压泵性能区别；
- 能够根据使用场合选择合适的液压泵。

🖥 任务描述

统计 50 台设备所用液压泵的类型，分析各类型的应用场合，找出其使用规律。

知识与技能

液压泵是为液压系统提供具有一定流量和压力油液的动力元件，它是每个液压系统中不可缺少的核心元件，合理地选择液压泵对于降低液压系统的能耗、提高液压系统的效率、降低噪声、改善工作性能和保证系统的可靠工作都十分重要。

选择液压泵的原则是：根据主机工况、功率大小和系统对工作性能的要求，首先确定液压泵的类型，然后按系统所要求的压力、流量大小确定其规格型号。

一般来说，由于各类液压泵具有各自突出的特点，其结构、功用和运转方式各不相同，因此应根据不同的使用场合选择合适的液压泵。一般在机床液压系统中，往往选用双作用叶片泵或限压式变量叶片泵；而在筑路机械、港口机械以及小型工程机械中往往选择抗污染能力较强的齿轮泵；在负载大、功率大的场合往往选择柱塞泵，比如汽车空调压缩机和柴油高压油泵采用的就是柱塞泵。

表 2-1 列出了液压系统中各类常用液压泵的主要性能比较及应用。

表 2-1　液压系统中各类常用液压泵的主要性能比较及应用

类型 性能参数	齿轮泵			叶片泵		螺杆泵	柱塞泵	
	内啮合		外啮合	单作用	双作用		轴向	径向
	渐开线式	摆线式						
输出压力	低压			中压	中压	低压	高压	
流量调节	不能			能	不能	不能	能	
效率	较高		低	较高		较高	高	
自吸能力	好			中		好	差	

续表

类型 性能参数	齿轮泵			叶片泵		螺杆泵	柱塞泵	
	内啮合		外啮合	单作用	双作用		轴向	径向
	渐开线式	摆线式						
输出流量脉动	小		很大	很小		最小	一般	
对油液污染敏感性	不敏感			较敏感		不敏感	很敏感	
噪声	小		大	较大	小	最小	大	
价格	较低	低	最低	中	中低	高	高	
应用范围	机床、农业机械、工程机械、航空、船舶、一般机械等			机床、注塑机、工程机械、液压机、飞机等		精密机床及机械、食品化工、石油、纺织机械等	工程机械、运输机械、锻压机械、船舶和飞机、机床和液压机等	

任务实施

① 统计 50 台液压设备;

② 分析各类型泵的应用场合;

③ 总结规律。

任务评价

序 号	能力点	掌握情况	序 号	能力点	掌握情况
1	数据处理能力		3	归纳能力	
2	资料查找能力				

思考与练习

1. 已知一液压压力机的执行元件为单杆活塞液压缸,其负载 $F = 30\,000$ N,无杆腔活塞的有效工作面积 $A = 0.01$ m²,空载时快速前进的速度为 0.05 m/s,负载工作时的前进速度为 0.025 m/s,选取适当的压力损失系数(1.3~1.5)和流量损失系数(1.1~1.3),$\eta = 0.75$,试通过查阅手册等资料完成液压泵的选用,并说明其相应电动机的功率。

2. 某液压泵的输出压力为 5 MPa,排量为 10 mL/r,机械效率为 0.95,容积效率为 0.9,当转速为 1 200 r/min 时,泵的输出功率和驱动泵的电动机的功率各为多少?

3. 在工作环境比较恶劣的矿山机械中采用什么样的泵比较合适?

● 视频

液压缸和液
压马达

任务三 液压执行元件的认识

液压执行元件是将液体液压能转换为机械能，用以实现工作装置运动的一种装置，通常包括液压缸和液压马达两种形式。液压缸用来实现工作机构的直线往复运动或摆动，液压马达用来实现工作机构的旋转运动。

子任务一 活塞式液压缸的结构原理分析

任务目标

- 理解活塞式液压缸的结构组成及工作原理；
- 掌握活塞式液压缸的正确拆卸、装配及安装连接方法；
- 了解活塞式液压缸的常见故障及基本维修方法。

任务描述

请正确拆卸一单杆活塞缸并组装，同时指出该液压缸的各部分功能及容易出故障的部分。

知识与技能

液压缸又称油缸，它是液压系统中的一种重要的执行元件，其功能就是将液压能转变成直线往复式或摆动式的机械运动所需的机械能。液压缸按其结构不同分为活塞缸、柱塞缸和摆动缸三类。工程机械常用活塞缸。

活塞缸用以实现直线运动，输出推力和速度。活塞缸按结构又可分为双杆式和单杆式两种，双杆式是指活塞的两侧都有伸出杆，单杆式是指活塞的一侧有伸出杆。活塞缸的固定方式有缸筒固定和活塞杆固定两种，如图 2-20 所示。

(a) 缸筒固定　　　　　　　　　　　　(b) 活塞杆固定

图 2-20　双杆式活塞缸

活塞式液压缸根据其使用要求不同选用双杆式或单杆式。

（1）双杆式活塞缸

活塞两端都有一根直径相等的活塞杆伸出的液压缸称为双杆式活塞缸，它一般由缸筒、缸盖、活塞、活塞杆和密封件等零件构成。根据安装方式不同可分为缸筒固定式和活塞杆固定式两种。

如图 2-20（a）所示的为缸筒固定式的双杆活塞缸。它的进、出油口布置在缸筒两端，活塞通过活塞杆带动工作台移动，当活塞的有效行程为 l 时，整个工作台的移动范围为 $3l$，所以占地面积大，一般适用于小型机床；当工作台行程要求较长时，可采用图 2-20（b）所示的活塞杆固定的形式，这时缸筒与工作台相连，活塞杆通过支架固定在机床上，动力由缸筒传出。这种安装形式中，工作台的移动范围只等于液压缸有效行程 l 的两倍（$2l$），因此占地面积小。进、出油口可以设置在固定不动的空心活塞杆的两端，但必须使用软管连接。

由于双杆式活塞缸两端的活塞杆直径通常是相等的，因此它左、右两腔的有效工作面积也相等，当分别向左、右腔输入相同压力和相同流量的油液时，液压缸左、右两个方向的推力和速度相等。当活塞的直径为 D，活塞杆的直径为 d，液压缸进、出油腔的压力为 p_1 和 p_2，输入流量为 q 时，双杆活塞缸的推力 F 和速度 v 为

$$F = A(p_1 - p_2) = \pi(D^2 - d^2)(p_1 - p_2)/4 \qquad (2-16)$$

$$v = \frac{q}{A} = \frac{4q}{\pi(D^2 - d^2)} \qquad (2-17)$$

式中：A——活塞的有效工作面积。

双杆式活塞缸在工作时，设计成一个活塞杆是受拉的，而另一个活塞杆不受力，因此这种液压缸的活塞杆可以做得细些。

（2）单杆式活塞缸

如图 2-21 所示，活塞只有一端有活塞杆伸出，单杆活塞缸也有缸筒固定和活塞杆固定两种形式，但它们的工作台移动范围都是活塞有效行程的两倍。

动画
单杠缸

图 2-21 单杆式活塞缸

由于液压缸两腔的有效工作面积不等，因此它在两个方向上的推力和速度也不等，其值分别为

$$F_1 = (p_1 A_1 - p_2 A_2) = \pi[(p_1 - p_2)D^2 + p_2 d^2]/4 \qquad (2-18)$$

$$F_2 = (p_1 A_2 - p_2 A_1) = \pi[(p_1 - p_2)D^2 - p_1 d^2]/4 \qquad (2-19)$$

$$v_1 = \frac{q}{A_1} = \frac{4q}{\pi D^2} \qquad (2-20)$$

$$v_2 = \frac{q}{A_2} = \frac{4q}{\pi(D^2 - d^2)} \qquad (2-21)$$

由于 $A_1 > A_2$ 故 $F_1 > F_2$，$v_1 > v_2$。如把两个方向上的速度 v_2 和 v_1 的比值称为速度比，记作 λ_v，则 $\lambda_v = 1 - (d/D)^2$。因此，$d = D\sqrt{(\lambda_v - 1)/\lambda_v}$，若已知 D 和 λ_v 时，可确定 d 值。

差动连接缸：单杆式活塞缸在其左右两腔都接通高压油时称为差动连接，如图 2-22 所示。

差动连接缸左右两腔的油液压力相同，但是由于左腔（无杆腔）的有效工作面积大于右腔（有杆腔）的有效工作面积，故活塞向右运动，同时使右腔中排出的油液（流量为 q'）也进入左腔，加大了流入左腔的流量 $(q + q')$，从而也加快了活塞移动的速度。实际上活塞在运动中，由于差动连接时两腔间的油管中有压力损失，所以右腔中油液压力稍大于左腔油液压力，而这个差值一般都较小，可以忽略不计，则差动连接时活塞推力 F_3 和运动速度 v_3 为

图 2-22 差动缸

$$F_3 = p_1(A_1 - A_2) = p_1 \pi d^2/4 \qquad (2-22)$$

进入无杆腔的流量

$$q_1 = v_3 \frac{\pi D^2}{4} = q + v_3 \frac{\pi(D^2 - d^2)}{4}$$

$$v_3 = 4q/\pi d^2 \qquad (2-23)$$

由式（2-22）、式（2-23）可知，差动连接时液压缸的推力比非差动连接时小，速度比非差动连接时大，利用这一点，可使在不加大油源流量的情况下得到较快的运动速度，这种连接方式被广泛应用于组合机床的液压动力系统和其他机械设备的快速运动中。如果要求机床往返速度相等时，则由式（2-22）和式（2-23）得

$$\frac{4q}{\pi(D^2 - d^2)} = \frac{4q}{\pi d^2} \quad 即 \quad D = \sqrt{2}d \qquad (2-24)$$

● 动画

单杠缸活塞缸结构

开始干活了！

⚙ **任务实施**

① 液压缸的拆卸，拆卸步骤如下：

第一步，将液压缸两端的端盖与缸筒连接螺栓取下；

第二步，依次取下端盖、活塞组件、端盖与缸筒端面之间的密封圈及缸筒；

第三步，分解端盖、活塞组件等；

第四步，拆除连接件；

第五步，依次取下活塞、活塞杆及密封件。

② 主要零部件分析，详述如下：

a. 缸筒组件：缸筒组件由缸筒、端盖、密封件及连接件等组成。工程机械液压缸的缸筒通常用无缝钢管制成，缸筒内部表面需较高的加工精度，外部表面可不加工。缸盖材料一般用 35 号、45 号钢锻件或 ZG35、ZG45 铸件。缸筒与端盖的连接形式有法兰式、卡环式、拉杆式、焊接式和螺纹式等，如图 2 – 23 所示。

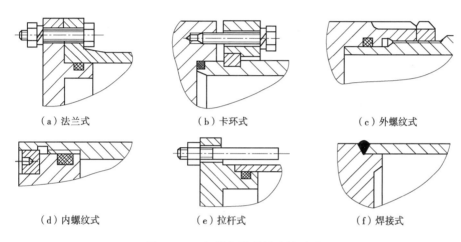

（a）法兰式　　　　　（b）卡环式　　　　　（c）外螺纹式

（d）内螺纹式　　　　　（e）拉杆式　　　　　（f）焊接式

图 2 – 23　缸筒与端盖的连接形式

b. 活塞组件：活塞组件由活塞、活塞杆、密封件及其连接件组成。活塞材料通常采用钢或铸铁；活塞杆可用 35 号、40 号钢锻件或无缝钢管制成，为了提高耐磨性和防锈性，活塞杆表面需镀铬并抛光，对挖掘机、推土机或装载机用的液压缸的活塞杆，由于碰撞机会多，工作表面应先经过高频淬火，然后再镀铬。活塞与活塞杆的连接形式有螺纹连接、卡环式连接等，如图 2 – 24 所示。

（a）整体式　　　　　（b）焊接式　　　　　（c）锥销式

（d）螺纹式　　　　　（e）卡环式

图 2 – 24　活塞和活塞杆的连接

c. 密封装置：液压缸的密封装置用以防止油液的泄漏。液压缸的密封部位主要指缸筒与端盖、活塞与缸筒、活塞与活塞杆及活塞杆与端盖（或导向套）之间的密封。常见的密封元件有 O 形、Y 形、V 形、滑环式组合密封圈和 J 形防尘圈等。滑环式组合密封圈由聚四氟乙烯滑环和弹性体组成，弹性体有 O 形和矩形橡胶密封圈两种。滑环式组合密封圈与金属的摩擦系数小，因而耐磨，图 2-25（a）所示为非接触式密封，图 2-25（b）、图 2-25（c）、图 2-25（d）所示为接触式密封。

（a） （b） （c） （d）

图 2-25 密封装置

d. 缓冲装置：液压缸一般用以带动质量较大的工作机构运动，运动速度较快，当活塞运动到液压缸两端时，将与端部发生冲击，产生噪声，甚至严重影响工作精度和引起整个系统及元件损伤。为此在大型、高速或要求较高的液压缸中往往要设置缓冲装置。尽管液压缸中的缓冲装置结构形式很多，但它们的工作原理是相同的，即当活塞运动到接近端部时，增大液压缸回油阻力，使回油腔中产生足够大的缓冲压力，使活塞减速，从而防止活塞撞击缸盖。几种常见的缓冲装置如图 2-26 所示。

（a）间隙式缓冲装置 （b）可调节流缓冲装置 （c）可变节流缓冲装置

图 2-26 缓冲装置

e. 排气装置：液压缸在安装过程中或长时间停放重新工作时，液压缸里和管道系统中会渗入空气，为了防止执行元件出现爬行、噪声和发热等不正常现象，需把液压缸中和系统中的空气排出。一般可在液压缸的最高处设置进出油口把空气带走，也可在最高处设置如图 2-27（a）所示的排气孔或专门的排气阀，如图 2-27（b）、（c）所示。

③ 液压缸的装配。装配步骤如下：

a. 对待装配零件进行合格性检查，特别是运动副的配合精度和表面状态。注意去除所有零件上的毛刺、飞边、污垢，清洗要彻底、干净。

b. 在缸筒内表面及密封圈上涂上润滑脂。

c. 将活塞组件按结构组装好。将活塞组件装入缸筒内，检查活塞在缸筒内移动情况。应运动灵活，无阻滞和轻重不均匀现象。

d. 将左、右端盖和缸筒组装好。拧紧端盖连接螺钉时，要依次对称地施力，且用力要均匀，要使活塞杆在全长运动范围内可灵活地运动。

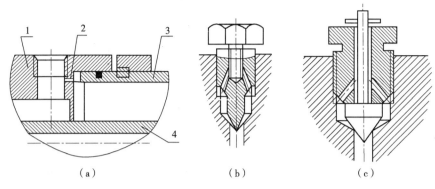

（a）　　　　　　　（b）　　　　　　　（c）

图 2-27　排气装置

1—缸盖；2—排气小孔；3—缸体；4—活塞杆

任务评价

序　号	能力点	掌握情况	序　号	能力点	掌握情况
1	安全操作		4	清洗方法、效果	
2	拆卸顺序		5	安装质量	
3	零部件功能分析				

思考与练习

1. 液压缸是由哪几部分组成的？
2. 试分析液压缸缓冲装置的工作原理。
3. 试说明液压缸哪些部位装有密封圈？并说明其功用和装配方法。
4. 简述液压缸的常见故障类型。
5. 你见过的液压缸活塞上的密封圈是什么形式？

拓展任务　柱塞式液压缸及其他类型液压缸结构原理分析

任务目标

了解一下其他类型的液压缸！

● 理解柱塞式液压缸的结构组成及工作原理；

● 了解其他类型液压缸的种类和应用场合。

任务描述

查阅资料，掌握柱塞式液压缸及其他类型液压缸的结构组成及工作原理，并分析其性能特点。

知识与技能

动画

柱塞缸

1. 柱塞缸

图 2-28（a）所示为柱塞缸，它只能实现一个方向的运动，反向运动要靠外力。若需要实现双向运动，则必须成对使用。如图 2-28（b）所示，这种液压缸中的柱塞和缸筒不接触，运动时由缸盖上的导向套来导向，因此缸筒的内壁不需精加工，它特别适用于行程较长的场合。

（a）　　　　　　　　　　　　　　　　（b）

图 2-28　柱塞缸

柱塞缸输出的推力 F 和速度 v_1 分别为

$$F = pA = p\frac{\pi}{4}d^2 \tag{2-25}$$

$$v_1 = \frac{q}{A} = \frac{4q}{\pi d^2} \tag{2-26}$$

2. 其他液压缸

① 增压液压缸：增压液压缸又称增压器，它利用活塞和柱塞有效工作面积的不同使液压系统中的局部区域获得高压。它有单作用和双作用两种形式，单作用增压液压缸的工作原理如图 2-29（a）所示，当输入活塞缸的油液压力为 p_1，活塞直径为 D，柱塞直径为 d 时，柱塞缸中输出的油液压力为高压，其值为

$$p_2 = p_1\left(\frac{D}{d}\right)^2 = kp_1 \tag{2-27}$$

式中：$k = D^2/d^2$，称为增压比，它代表其增压程度。

显然增压能力是在降低有效能量的基础上得到的，也就是说增压液压缸仅仅是增大输出的压力，并不能增大输出的能量。

单作用增压液压缸在柱塞运动到终点时，不能再输出高压油，需要将活塞退回到左端位置，再向右行时才又输出高压油，为了克服这一缺点，可采用双作用增压液压缸，如图2-29（b）所示，由两个高压端连续向系统提供油液。

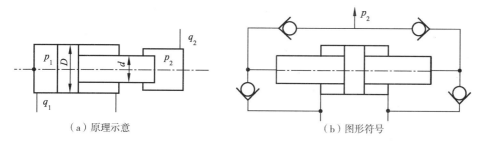

（a）原理示意 　　　　　　　　　　　　（b）图形符号

图2-29　增压液压缸

② 伸缩缸：伸缩缸由两个或多个活塞缸套装而成，前一级活塞缸的活塞杆内孔是后一级活塞缸的缸筒，伸出时可获得很长的有效工作行程，缩回时可保持很小的结构尺寸，伸缩缸被广泛用于起重运输车辆上。

伸缩缸可以是图2-30（a）所示的单作用式，也可以是图2-30（b）所示的双作用式，前者靠外力回程，后者靠油液压力回程。

（a）　　　　　　　　　　　　　　（b）

图2-30　伸缩缸

伸缩缸的外伸动作是逐级进行的。首先是最大直径的缸筒以最低的油液压力开始外伸，当到达行程终点后，稍小直径的缸筒开始外伸，直径最小的末级最后伸出。随着工作级数变大，外伸缸筒直径越来越小，工作油液压力随之升高，工作速度变快。其值为

$$F_i = pA_i = p\frac{\pi}{4}d_i^2 \tag{2-28}$$

$$v_i = \frac{q}{A_i} = \frac{4q}{\pi d_i^2} \tag{2-29}$$

式中：i——i级活塞缸。

③ 齿轮缸：它由两个活塞缸和一套齿轮齿条传动装置组成，如图2-31所示。活塞的移动经齿轮齿条传动装置变成齿轮的传动，用于实现工作机构的往复摆动或间歇进给运动。

图2-31　齿轮缸

71

任 务 实 施

① 查阅资料，分析柱塞缸的结构组成及工作原理；

② 了解其他类型液压缸的结构组成及工作原理。

任 务 评 价

序　号	能力点	掌握情况	序　号	能力点	掌握情况
1	知识迁移能力		3	计算机操作能力	
2	分析问题能力				

思考与练习

1. 柱塞式液压缸和活塞式液压缸有哪些区别？适合什么样的工作环境？

2. 增压液压缸是如何实现增压的？

3. 伸缩缸有什么特点？动作顺序是怎样的？

子任务二　液压马达结构原理分析

任 务 目 标

- 理解液压马达的结构组成及工作原理；

- 了解液压马达的特性参数；

- 了解液压马达的分类及应用。

了解一下液压马达！

任 务 描 述

测试液压马达的性能。

知 识 与 技 能

1. 液压马达的概述

液压马达是将油液的液压能转换成旋转的机械能，是液压系统的执行元件。因为液压马达和液压泵在原理上是可逆的，在结构和原理上有很多类似之处，但由于两者的工作情况不同，使得两者在结构上也有一些差异。例如：

① 液压马达一般需要正反转，所以在内部结构上应具有对称性，而液压泵一般是单

方向旋转的，没有这一要求。

② 为了减小吸油阻力，减小径向力，一般液压泵的吸油口比出油口的尺寸大。而液压马达低压腔的压力稍高于大气压力，所以没有上述要求。

③ 液压马达要求能在很宽的转速范围内正常工作，因此应采用液动轴承或静压轴承。因为当马达速度很低时，若采用动压轴承，就不易形成润滑膜。

④ 叶片泵依靠叶片跟转子一起高速旋转而产生的离心力使叶片始终紧贴定子的内表面，起封油作用，形成密封工作容积。若将其当马达用，必须在液压马达的叶片根部装上弹簧，以保证叶片始终紧贴定子内表面，以便马达能正常启动。

⑤ 液压泵在结构上需保证具有自吸能力，而液压马达就没有这一要求。

⑥ 液压马达必须具有较大的启动扭矩。所谓启动扭矩，就是马达由静止状态启动时，马达轴上所能输出的扭矩，该扭矩通常大于在同一工作压力差时处于运行状态下的扭矩，所以为了使启动扭矩尽可能接近工作状态下的扭矩，要求马达扭矩的脉动小，内部摩擦小。

通过上述不同的特点，可以看出很多类型的液压马达和液压泵是不能互逆使用的。

2. 液压马达的性能参数

① 工作压力与额定压力：马达输入油液的实际压力称为马达的工作压力，其大小取决于马达的负载。马达进口压力与出口压力的差值称为马达的压力差。

按试验标准规定，能使马达连续正常运转的最高压力称为马达的额定压力。

② 排量、流量、转速和容积效率：习惯上将马达的主轴每转一周，按几何尺寸计算所进入的油液容积，称为马达的排量 V，有时称为几何排量、理论排量，即不考虑泄漏损失时的排量。根据液压动力元件的工作原理可知，马达转速 n、理论流量 q_{mt} 与排量 V 之间具有下列关系

$$q_{mt} = Vn \tag{2-30}$$

为了满足转速要求，马达实际输入流量 q_m 大于理论输入流量，则有

$$q_m = q_{mt} + \Delta q \tag{2-31}$$

式中：Δq——泄漏量。马达的理论流量 q_{mt} 与马达实际输入流量 q_m 之比为马达的容积效率，即

$$\eta_{mV} = \frac{q_{mt}}{q_m} = \frac{q_m - \Delta q}{q_m} = 1 - \frac{\Delta q}{q_m} \tag{2-32}$$

马达转速 n

$$n = \frac{q_{mt}}{V} = \frac{q_m \eta_{mV}}{V} \tag{2-33}$$

③ 液压马达机械效率和转矩：液压马达的机械效率为

$$\eta_m = \frac{T_m}{T_{mt}} \tag{2-34}$$

设马达进、出口间的工作压力差为 Δp，则马达的理论功率 P_{mt}（当忽略能量损失时）表达式为

$$P_{mt} = 2\pi n T_{mt} = \Delta p V n \qquad (2-35)$$

因而有

$$T_{mt} = \frac{\Delta p V}{2\pi} \qquad (2-36)$$

将式（2-34）代入式（2-36），可得液压马达的输出转矩为

$$T_{mt} = \frac{\Delta p V}{2\pi} \eta_m \qquad (2-37)$$

由上式可知，在机械效率一定的情况下，提高输出转矩的主要途径就是提高工作压力和增加排量。但由于工作压力的提高受到结构形式、强度、磨损泄漏等因素的限制，因此在压力一定的情况下，要求液压马达具有较大的输出转矩，只有增大排量。

④ 液压马达的功率与总效率：马达的输入功率为 $P_{mi} = \Delta p q_m$，输出功率为 $P_{mo} = 2\pi n T_m$，马达的总效率 η_m 为输出功率 P_{mo} 与输入功率 P_{mi} 的比值，即

$$\eta = \frac{P_{mo}}{P_{mi}} = \frac{2\pi n T_m}{\Delta p q_m} = \frac{2\pi n T_m}{\Delta p \dfrac{V n}{\eta_{mV}}} = \frac{T_m}{\dfrac{\Delta p V}{2\pi}} \eta_{mV} = \eta_m \eta_{mV} \qquad (2-38)$$

由式（2-38）可见，液压马达的总效率与液压泵的总效率一样，等于机械效率与容积效率的乘积。

3. 液压马达的分类及工作原理

液压马达按其额定转速分为高速和低速两大类，额定转速高于 500 r/min 的属于高速液压马达，额定转速低于 500 r/min 的属于低速液压马达。

高速液压马达的基本形式有齿轮式、螺杆式、叶片式和轴向柱塞式等。它们的主要特点是转速较高、转动惯量小，便于启动和制动，调速和换向的灵敏度高。通常高速液压马达的输出转矩不大（仅几十牛·米到几百牛·米），所以又称高速小转矩液压马达。

低速液压马达的基本形式是径向柱塞式，此外在轴向柱塞式、叶片式和齿轮式中也有低速的结构形式。低速液压马达的主要特点是排量大、体积大、转速低（有时可达每分钟几转甚至零点几转），因此可直接与工作机构连接，不需要减速装置，使传动机构大为简化，通常低速液压马达输出转矩较大（可达几千牛·米到几万牛·米），所以又称低速大转矩液压马达。

液压马达也可按其结构类型来分，可以分为齿轮式、叶片式、柱塞式和其他形式。

常用的液压马达的结构与同类型的液压泵很相似，下面对叶片马达、轴向柱塞马达和摆动马达的工作原理进行介绍。

（1）叶片马达

图2-32（a）为叶片马达的工作原理图。

当压力为 p 的油液从进油口进入叶片1和3之间时，叶片2因两面均受压力油的作用所以不产生转矩。叶片1、3上，一面作用有高压油，另一面为低压油。由于叶片3伸出的面积大于叶片1伸出的面积，因此作用于叶片3上的总油液压力大于作用于叶片1上的总油液压力，于是压力差使转子产生顺时针的转矩。同样道理，压力油进入叶片5和7之间时，叶片7伸出的面积大于叶片5伸出的面积，也产生顺时针转矩。这样就把油液的液压能转变成了机械能，这就是叶片马达的工作原理。当输油方向改变时，叶片马达就反转。

叶片马达的体积小、转动惯量小，因此动作灵敏的换向频率较高，但泄漏较大，不能在很低的转速下工作，因此叶片马达一般用于转速高、转矩小和动作灵敏的场合。

（2）轴向柱塞马达

轴向柱塞马达的结构形式基本上与轴向柱塞泵一样，故其分类与轴向柱塞泵相同，也分为直轴式轴向柱塞马达和斜轴式轴向柱塞马达两类。斜轴式轴向柱塞马达的工作原理如图2-32（b）所示。

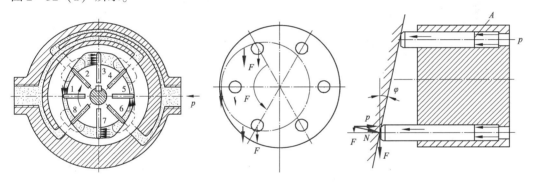

（a）叶片马达的工作原理图   （b）斜轴式轴向柱塞马达的工作原理图

图2-32 液压马达工作原理图

当压力油进入液压马达的高压腔之后，工作柱塞便受到液压作用力为 pA（p 为油液压力，A 为柱塞面积），通过滑靴压向斜盘，其反作用力为 N，N 沿水平和竖直方向分解成两个力，即沿柱塞轴向分力 p 和与柱塞轴线垂直分力 F，其中 p 与柱塞所受油液压力平衡；分力 F 与柱塞轴线垂直向上，它使柱塞对缸体中心产生一个转矩，带动马达逆时针旋转。

一般来说，轴向柱塞马达都是高速马达，输出扭矩小，因此必须通过减速器来带动工作机构。如果能使液压马达的排量显著增大，也就可以将轴向柱塞马达做成低速大扭矩马达。

（3）摆动马达

摆动马达的工作原理图如图 2 - 33 所示，图 2 - 33（a）所示为单叶片式摆动马达，若从油口 Ⅰ 通入高压油，叶片做逆时针摆动，低压油从油口 Ⅱ 排出。因叶片与输出轴连在一起，帮助输出轴摆动的同时输出转矩、克服负载。

此类摆动马达的工作压力小于 10 MPa，摆动角度小于 280°。由于径向力不平衡，叶片和壳体、叶片和挡块之间密封困难，限制了其工作压力的提高，从而也限制了输出转矩的提高。

图 2 - 33（b）是双叶片式摆动马达，在径向尺寸和工作压力相同的条件下，分别是单叶片式摆动马达输出转矩的 2 倍，但摆动角度要相应减少，双叶片式摆动马达的摆动角度一般小于 120°。

（a）单叶片式摆动马达　　　（b）双叶片式摆动马达　　　（a）图形符号

图 2 - 33　摆动马达的工作原理图

4. 液压马达的职能符号（图 2 - 34）

（a）单向定量液压马达　（b）单向变量液压马达　（c）双向定量液压马达　（d）双向变量液压马达

图 2 - 34　液压马达的图形符号

任务实施

① 测试叶片马达的性能；

② 分析比较马达与泵的区别和联系。

任务评价

序 号	能力点	掌握情况	序 号	能力点	掌握情况
1	操作规程		3	数据处理	
2	分析问题能力		4	类比能力	

思考与练习

1. 液压马达和液压泵在结构上有哪些区别？

2. 叶片马达是怎样工作的？适用于什么样的工作环境？

3. 液压马达都有哪些类型？

任务四　液压控制元件的认识

在液压系统中，液压控制元件是通过控制油液的压力、流量和流动方向，从而控制液压执行元件的启动、停止、运动方向、速度和作用力等，以满足液压设备对各工况的要求。其性能的好坏直接影响液压系统的工作过程和工作特性，是液压系统的重要组成部分。

子任务一　液压控制阀原理分析及参数的认识

任务目标

苦练了这么长时间，终于要学习如何控制了！

● 理解液压控制阀的结构组成及工作原理。

● 了解液压控制阀的分类及性能参数。

任务描述

观察实物，查阅资料，辨别各种控制元件，了解阀的作用及分类。

知识与技能

1. 液压控制阀的工作原理

所有液压控制阀都是由阀体、阀芯和驱动阀芯动作的元件组成的。阀体上除有与阀芯相配合的阀体孔或阀座孔外，还有外接油管的进出油口；阀芯的主要形式有滑阀、锥阀和球阀；驱动装置可以是手调机构，也可以是弹簧、电磁或液动力。液压阀正是利用阀芯在阀体内的相对运动来控制阀口的通断及开

口大小，来实现油液压力、流量和流动方向的控制的。阀口的开口大小、进出油口间的压力差以及通过阀的流量之间的关系都符合孔口流量公式，只是各种阀控制的参数不同。

2. 液压控制阀的分类

液压控制阀按照不同的特征有不同的分类，如表 2-2 所示。

表 2-2　液压控制阀分类

分类方法	种类	详细分类
按机能分类	压力控制阀	溢流阀、顺序阀、卸荷阀、平衡阀、减压阀、比例压力控制阀、缓冲阀、仪表截止阀、限压切断阀、压力继电器
	流量控制阀	节流阀、单向节流阀、调速阀、分流阀、集流阀、比例流量控制阀
	方向控制阀	单向阀、液控单向阀、换向阀、行程减速阀、充液阀、梭阀、比例方向阀
按结构分类	滑阀	圆柱滑阀、旋转阀、平板滑阀
	座阀	锥阀、球阀、喷嘴挡板阀
	射流管阀	射流阀
按操作方法分类	手动阀	手把及手轮、踏板、杠杆
	机动阀	挡块及碰块、弹簧、液压、气动
	电动阀	电磁铁控制、伺服电动机控制和步进电动机控制
按连接方式分类	管式连接	螺纹式连接、法兰式连接
	板式及叠加式连接	单层连接板式、双层连接板式、整体连接板式、叠加阀
	插装式连接	螺纹式插装（二、三、四通插装阀）、法兰式插装（二通插装阀）
按其他方式分类	开关或定值控制阀	压力控制阀、流量控制阀、方向控制阀
按控制方式分类	电液比例阀	电液比例压力阀、电源比例流量阀、电液比例换向阀、电流比例复合阀、电流比例多路阀三级电液流量伺服
	伺服阀	单、双级（喷嘴挡板式、动圈式）电液流量伺服阀、三级电液流量伺服
	数字控制阀	数字控制压力控制流量阀与方向阀

3. 液压控制阀的基本要求

对液压控制阀的基本要求主要有以下几点：

① 动作灵敏，使用可靠，工作时冲击和振动小。

② 油液流过的压力损失小。

③ 密封性能好。

④ 结构紧凑，安装、调整、使用、维护方便，通用性大。

4. 液压控制阀的性能参数

控制阀的性能参数是对阀进行评价和选用的依据，它反映了阀的规格大小和工作特性。控制阀的规格大小用公称通径表示，主要性能参数有额定压力和额定流量。

阀的尺寸规格用公称通径表来表示，单位为 mm。公称通径表征阀通流能力的大小，应与阀进、出油管的规格一致。公称通径对应于阀的额定流量，阀工作时的实际流量应小于或等于它的额定流量，最大不得超过额定流量的 1.1 倍。

液压阀连续工作所允许的最高压力称为额定压力。压力控制阀的实际最高压力有时与阀的调压范围有关。只要系统的工作压力和工作流量小于或等于额定压力和额定流量，控制阀即可正常工作。此外还有一些和具体控制阀有关的参数，如通过额定流量时的额定压力损失、最小稳定流量、开启压力等。

任务实施

① 辨别各类液压控制阀；

② 指出各个阀的作用；

③ 观察阀的分类方法；

④ 说出阀铭牌上的参数含义。

任务评价

序 号	能力点	掌握情况	序 号	能力点	掌握情况
1	分析能力		3	类比能力	
2	归纳能力				

思考与练习

1. 液压控制阀由哪几部分组成？

2. 液压控制阀是如何分类的？

3. 液压控制阀的常用参数有哪些？

子任务二　方向控制阀结构原理分析

任务目标

• 掌握方向控制阀的作用及分类；

液压与气动技术

- 掌握换向阀"位"与"通"的含义；
- 掌握方向控制阀的操作方法；
- 掌握方向控制阀的工作原理、性能特点及应用；
- 掌握三位换向阀的中位机能及应用场合；
- 了解方向控制阀的常见故障现象及排除方法。

来认识方向控制阀吧！

 任务描述

拆装单向阀、液控单向阀、两位两通换向阀、两位三通换向阀、三位四通换向阀及多路换向阀，掌握方向控制阀的工作原理、性能特点及应用，并了解方向控制阀的常见故障现象及排除方法。

知识与技能

方向控制阀是用于控制液压系统中油路的接通、切断或改变液流方向的液压控制阀，主要用以实现对执行元件的启动、停止或运动方向的控制。

常用的方向控制阀有单向阀和换向阀两种。单向阀主要用于控制油液的单向流动；换向阀主要用于改变油液的流动方向及接通或者切断油路。

1. 单向阀

（1）普通单向阀

普通单向阀只允许液流沿一个方向通过，即由 P_1 口流向 P_2 口，而反向截止，即不允许液流由 P_2 口流向 P_1 口，如图 2-35 所示。根据单向阀的使用特点，要求油液正向通过时阻力要小，液流有反向流动趋势时，关闭动作要灵敏，关闭后密封性要好。因此弹簧通常很软，主要用于克服摩擦力，单向阀的开启压力一般为 0.03~0.05 MPa。

单向阀的阀芯分为钢球式［见图 2-35（a）］和锥式［见图 2-35（b）、图 2-35（c）］两种。

钢球式阀芯结构简单、价格低、但密封性较差，一般仅用在低压、小流量的液压系统中。

锥式阀芯阻力小，密封性好，使用寿命长，所以应用较广，多用于高压、大流量的液压系统中。

应用：

① 分隔油路以防止干扰；

② 做背压阀用（采用硬弹簧使其开启压力达到 0.3~0.6 MPa）。

（2）液控单向阀

液控单向阀是一种通入控制油液后即允许油液正反向流动的单向阀。它由单向阀和液控装置两部分组成，如图 2-35 所示。当控制口 K 无压力时，其功能与普通单向阀相同。

80

当控制口 K 通压力油时，单向阀阀芯被小活塞顶开，阀口开启，油口 P_1 和 P_2 接通，液流可正反向流通。控制口 K 不工作时，应使其通回油箱，否则控制活塞难以复位。控制用的最小油液压力约为液压系统主油路油液压力的 $0.3 \sim 0.4$。

（a）单向阀（1）　　　　　（b）单向阀（2）　　　　　（c）单向阀（3）

（d）液控阀

图 2-35　单向阀与液控单向阀

1—阀体；2—阀芯；3—弹簧；4—控制活塞；5—顶杆；6—阀芯

液控单向阀也可以做成常开式结构，即平时油路畅通，需要时通过液控装置闭锁一个方向的油液流动，使油液只能单方向流动。

液控单向阀既具有普通单向阀的特点，又可以在一定条件下允许正反向液流自由通过，因此通常用于液压系统的保压、锁紧和平衡回路。

单向阀与液控单向阀的图形符号如表 2-3 所示。

表 2-3　单向阀与液控单向阀的图形符号

名称　符号	单 向 阀		液控单向阀	
	无 弹 簧	有 弹 簧	无 弹 簧	有 弹 簧
详细符号		W		W

动画 ●·······

液控单向阀

●·········

续表

名称 符号	单向阀		液控单向阀	
	无 弹 簧	有 弹 簧	无 弹 簧	有 弹 簧
简化符号				

2. 换向阀

换向阀一般是利用阀芯在阀体中的相对位置的变化，使各油路之间（与该阀体相连接的油路）实现接通或断开以改变油液流动方向，从而控制执行元件的运动。

（1）换向阀工作原理

图 2-36（a）为滑阀式换向阀的工作原理图，当阀芯向右移动一定的距离时，由液压泵输出的压力油从阀的 P 口经 A 口输向液压缸左腔，液压缸右腔的油液经 B 口流回油箱，液压缸活塞向右运动；反之，若阀芯向左移动某一距离时，液流反向，活塞向左运动。图 2-36（b）为其图形符号。

（a）工作原理图   （b）图形符号

图 2-36　滑阀式换向阀的工作原理图及图形符号

（2）换向阀的分类

根据换向阀阀芯的运动方式、结构特点和控制特点不同可分成不同的类型，如表 2-4 所示，换向阀的图形符号见附录 A。

表 2-4　换向阀分类

按阀芯结构分类	滑阀式、转阀式、锥阀式
按阀芯工作位置分类	二位、三位、四位等
按通路分类	二通、三通、四通、五通等
按操纵方式分类	手动、机动、液动、电磁动、电液动

换向阀工作位置的个数称为位，与液压系统中油路相连通的油口个数称为通。如图 2-36（b）中所示，阀芯在阀体中有左、中、右三个工作位置，即为三位阀，与外部液压系统有 A、B、T_1、T_2、P 共五个油口相通，即为五通。常用的换向阀种类有：二位二

通、二位三通、二位四通、二位五通、三位三通、三位四通、三位五通和三位六通等。常用换向阀的主体结构及图形符号如表 2 – 5 所示，它表明了换向阀的工作位置数、油口数和在各工作位置上油口的连通关系、控制方法以及复位、定位方法。换向阀的控制方式如表 2 – 6 所示。

表 2 – 5　常用换向阀的主体结构及图形符号

名　称	主 体 结 构	图 形 符 号
二位二通		
二位三通		
二位四通		
二位五通		
三位四通		
三位五通		

换向阀图形符号的规定和含义：

① 用方框表示阀的工作位置数，有几个方框就是几位阀。

② 在一个方框内，箭头"↑"或堵塞符号"丅""⊥"与方框相交的点数就是与油路相连通的油口数，有几个交点就是几通阀，箭头"↑"表示阀芯处在这一位置时两油口相通，但不一定是油液的实际流向，"丅"或"⊥"表示此油口被阀芯封闭（堵塞）不通流。

③ 三位阀中间的方框、两位阀画有复位弹簧的那个方框为常态位置（即未施加控制以前的原始位置）。在液压系统原理图中，换向阀的图形符号与油路的连接，一般应画在常态位置上。画工作位置时，左位状态画在常态位的左边，右位状态画在常态位右边。同时在常态位上应标出油口的代号。

④ 控制方式和复位弹簧的符号画在方框的两侧。

表 2-6   换向阀的控制方式

控 制 方 式	图 形 符 号	符 号 说 明
手动控制		三位四通手动换向阀，左端表示手动把手，右端表示复位弹簧
机动控制		二位二通机动换向阀，左端表示可伸缩压杆，右端表示复位弹簧
电磁控制		三位四通电磁换向阀，左、右两端都有驱动阀芯动作的电磁铁和复位弹簧
液压控制		三位四通液动换向阀，K_1、K_2 为控制阀芯动作的液压油进、出口，当 K_1、K_2 无压时，靠左、右复位弹簧复中位
电液控制		I 为三位四通先导阀，双电磁铁驱动复位弹簧对中位，II 为三位四通主阀，由液压驱动。X 为控制进油口，Y 为控制回油口

（3）常用换向阀

① 手动换向阀：手动换向阀是用手动控制方法，改变阀芯工作位置的换向阀，有二位二通、二位四通和三位四通等多种形式。图 2-37 所示为一种三位四通手动换向阀。

当手柄上端向左扳时，阀芯 2 向右移动，进油口 P 和油口 A 接通，油口 B 和回油口 O

接通。当手柄上端向右扳时，阀芯左移，这时进油口 P 和油口 B 接通，油口 A 通过环形槽、阀芯中心通孔与回油口 O 接通，实现换向。松开手柄时，右端的弹簧使阀芯恢复到中间位置，断开油路。这种换向阀不能自动定位在左、右两端位置上，工作时必须用手扳住手柄不放，一旦松开手柄，阀芯会在弹簧力的作用下，自动弹回中位。如需滑阀在左、中、右三个位置上均可定位，可将弹簧换成定位装置，利用手动杠杆来改变阀芯位置实现换向。

图 2-37　三位四通手动换向阀

1—手柄；2—滑阀（阀芯）；3—阀体；4—套筒；5—端盖；6—弹簧

② 机动换向阀：机动换向阀又称行程换向阀，是用机械控制方法改变阀芯工作位置的换向阀，常用的有二位二通（常闭和常通）、二位三通、二位四通和二位五通等多种。图 2-38 所示为二位二通常闭式行程换向阀。阀芯的移动通过挡铁 1（或凸轮）推动阀芯 2 右移，实现 P、A 口接通。挡铁移开时，阀芯靠其底部的弹簧 3 复位，使 P、A 口通路断开。

图 2-38　二位二通机动换向阀

1—挡铁；2—阀芯；3—弹簧

③ 电磁换向阀：电磁换向阀简称电磁阀，是用电磁控制方法改变阀芯工作位置的换向阀。图 2-39 所示为二位三通电磁换向阀。当电磁铁通电时，衔铁通过推杆 1 将阀芯 2

推向右端，进油口 P 与油口 B 接通，油口 A 被关闭。当电磁铁断电时，弹簧 3 将阀芯推向左端，油口 B 被关闭，进油口 P 与油口 A 接通。

图 2-39　二位三通电磁换向阀

1—推杆；2—阀芯；3—弹簧

图 2-40 为三位四通电磁换向阀的结构原理图。当右侧的电磁线圈 4 通电时，吸合衔铁 5 将阀芯 2 推向左位，这时进油口 P 和油口 B 接通，油口 A 与回油口 O 相通；当左侧的电磁铁通电时（右侧电磁铁断电），阀芯被推向右位，这时进油口 P 和油口 A 接通，油口 B 经阀体内部管路与回油口 O 相通，实现执行元件换向；当两侧电磁铁都不通电时，阀芯在两侧弹簧 3 的作用下处于中间位置，这时四个油口均不相通。

图 2-40　三位四通电磁换向阀结构原理图

1—阀体；2—阀芯；3—弹簧；4—电磁线圈；5—衔铁

电磁换向阀的电磁铁可用按钮开关、行程开关、压力继电器等电气元件控制，无论位置远近，控制均很方便，且易于实现动作转换的自动化，因而得到广泛的应用。根据使用电源的不同，电磁换向阀分为交流和直流两种。电磁换向阀用交流电磁铁的使用电压一般为交流 220 V，电气线路配置简单。交流电磁铁启动力较大，换向时间短（0.01~0.03 s），换向冲击大，工作时温升高，当阀芯卡住时，电磁铁因电流过大易烧坏，可靠性较差，所以切换频率一般不允许超过 30 次/min，寿命较短。直流电磁铁一般使用 24 V 直流电压，因此需要专用直流电源。其优点是不会因阀芯卡住而烧坏，体积小，工作可靠，允许切换频率为 120 次/min，换向冲击小，使用寿命较长，但启动力比交流电磁铁小。由于电磁铁吸力有限，因此电磁换向阀用于流量不超过 $1.05 \times 10^{-4} \mathrm{m}^3/\mathrm{s}$ 的液压系统中。

电磁铁按衔铁工作腔是否有油液又可分为干式和湿式。干式电磁铁处于空气中，不与油液接触，电磁铁和滑阀之间安装密封装置，由于回油有可能渗入到弹簧腔中，因此阀的回油压力较小。而湿式电磁铁浸在油液中，运动阻力小，且油液还能起到冷却和吸振作用，换向阀的可靠性较高，使用寿命较长。

④ 液动换向阀：液动换向阀是利用控制油路的压力油来改变阀芯位置的换向阀，阀芯由其两端密封腔中油液的压力差来驱动的。

图 2 - 41 为三位四通液动换向阀的工作原理图。当控制油路的压力油从阀右边控制油口 K_2 进入右控制油腔时，推动阀芯左移，使进油口 P 与油口 B 接通，油口 A 与回油口 O 接通；当压力油从阀左边控制油口 K_1 进入左控制油腔时，推动阀芯右移，使进油口 P 与油口 A 接通，油口 B 与回油口 O 接通，实现换向；当两控制油口 K_1 和 K_2 均不通控制压力油时，阀芯在两端弹簧作用下居中，恢复到中位。

图 2 - 41　三位四通液动换向阀工作原理图

液动换向阀是用直接压力控制方法改变阀芯工作位置的换向阀，由于压力油可以产生很大的推力，所以液动换向阀可用于高压、大流量的液压系统中。

⑤ 电液换向阀：电液换向阀是由电磁换向阀和液动换向阀组成的复合阀。电磁换向阀起先导作用，用来改变控制液流方向，液动换向阀为主阀，用来改变主油路的方向，从而改变液动滑阀阀芯的位置。这种阀的优点是用反应灵敏的小规格电磁阀方便地控制大流量的液动阀换向。

图 2 - 42 所示为三位四通电液换向阀的结构和图形符号。当电磁换向阀的两个电磁铁均不带电时，电磁换向阀阀芯在复位弹簧作用下处于中位，此时来自液动换向阀 P 口或外接油口的控制压力油均不进入主阀芯的左、右两油腔，液动换向阀芯左、右两腔的油液通过左、右节流阀流回油箱，液动换向阀的阀芯在复位弹簧作用下，依靠阀体定位，准确地回到中位，此时主阀的 P、A、B 和 T 油口均不通。当先导阀右端电磁铁通电时，阀芯左移，控制油路的压力油进入主阀右控制油腔，使主阀阀芯左移（左控制油腔油液经先导阀泄回油箱），使进油口 P 与油口 A 相通，油口 B 与回油口 T 相通；当先导阀左端电磁铁通电时，阀芯右移，控制油路的压力油进入主阀左控制油腔，推动主阀阀芯右移（主阀右控制油腔的油液经先导阀泄回油箱），使进油口 P 与油口 B 相通，油口 A 与回油口 T 相通，

实现换向。

（a）结构图

（b）图形符号

（c）简化图形符号

图2-42 三位四通电液换向阀的结构和图形符号

（a）结构图　　（b）图形符号

图2-43 转阀

1—阀体；2—阀芯；3—操作手柄

⑥转阀：以上均为滑阀式换向阀。图2-43（a）所示为转动式换向阀（简称转阀）的结构图。该阀由阀体1、阀芯2和使阀芯转动的操作手柄3组成，在图示位置，油口P和A相通、B和T相通；当操作手柄转换到止位置时，油口P、A、B和T均不相通，当操作手柄转换到另一位置时，则油口P和B相通，A和T相通。由于转阀密封性差，径向力不易平衡及结构尺寸受到限制，一般多用于压力较低、流量较小的场合。

⑦ 电磁球式换向阀：电磁球式换向阀与滑阀式换向阀相比，其优点是：动作可靠性高、密封性好、对油液污染不敏感、切换时间短、工作压力高（可达 63 MPa）。主要用于要求密封性很好的场合。

图 2-44 所示为常开式二位三通电磁球式换向阀的结构和图形符号。这种阀主要由左、右球阀座 4 和 6、球阀 5、弹簧 7、操纵杆 2 和杠杆 3 等零件组成。图 2-44（a）所示为电磁铁断电状态，即常态位置，P 口的压力油一方面作用在球阀 5 的右侧，另一方面经右阀座 6 上的通道进入操纵杆 2 的空腔，作用在球阀 5 的左侧，以保证球阀 5 两侧承受的油液压力平衡，球阀 5 在弹簧 7 的作用下压在左球阀座 4 上，P 口与 A 口相通，A 口与 T 口隔断；当电磁铁 8 通电时，衔铁推动杠杆 3，以 1 为支点推动操纵杆 2，克服弹簧力，使球阀 5 压在右球阀座 6 上，实现换向，P 口与 A 口隔断，A 口与 T 口相通。

（a）结构图　　　　　　　　　　　　（b）图形符号

图 2-44　常开式二位三通电磁球式换向阀结构和图形符号

1—支点；2—操纵杆；3—杠杆；4—左球阀座；5—球阀；6—右球阀座；7—弹簧；8—电磁铁

（4）三位四通换向阀的中位机能

三位四通换向阀的中位机能是指阀处于中位时各油口的连通方式，表 2-7 所示为常见三位四通换向阀的中位机能。

分析和选择三位换向阀的中位机能时，通常考虑以下几个方面。

① 系统保压：P 口封闭时，系统保压，液压泵可用于多缸系统。

② 系统卸荷：P 口通畅地与 T 口相通。

③ 换向平稳与精度：A、B 两口封闭，换向过程中易产生冲击，换向不平稳，但精度高；A、B 口都通 T 口，换向平稳，但精度低。

④ 启动平稳性：阀在中位时，液压缸某腔通油箱，启动时缺少足够的油液缓冲，启动不平稳。

⑤ 液压缸活塞浮动和在任意位置上停止。

表 2-7 常见三位四通换向阀的中位机能

形 式	图形符号	中位油口状况、特点及应用
O 型		P、A、B、T 四口全封闭；液压缸闭锁，可用于多个换向阀并联工作
H 型		P、A、B、T 口全通；活塞浮动，在外力作用下可移动，泵卸荷
Y 型		P 封闭，A、B、T 口相通；活塞浮动，在外力作用下可移动，泵不卸荷
K 型		P、A、T 口相通，B 口封闭；活塞处于闭锁状态，泵卸荷
M 型		P、T 口相通，A 与 B 口均封闭；活塞闭锁不动，泵卸荷，也可用多个 M 型换向阀并联工作
X 型		四油口处于半开启状态；泵基本上卸荷，但仍保持一定压力
P 型		P、A、B 口相通，T 封闭；泵与缸两腔相通，可组成差动回路
J 型		P 与 A 封闭，B 与 T 相通；活塞停止，但在外力作用下可向一边移动，泵不卸荷
C 型		P 与 A 相通，B 与 T 封闭；活塞处于停止位置
U 型		P 和 T 封闭，A 与 B 相通；活塞浮动，在外力作用下可移动，泵不卸荷

任务实施

来干点活！

① 单向阀的拆卸：拆卸螺钉，取出弹簧，分离阀芯和阀体，了解阀的结构、工作原理及应用。

② 液控单向阀的拆卸：拆卸控制端的螺钉，取出控制活塞和顶杆，拆卸阀芯端螺钉，取出弹簧，分离阀芯和阀体，了解阀的结构、工作原理及应用。

③ 方向控制阀的拆卸：拆卸提供外部力的控制部分，取下卡簧，取出弹簧，分离阀芯和阀体，了解阀的结构、工作原理及应用。

④ 方向控制阀的装配：装配前清洗各零件，给配合面涂润滑油，按照拆卸的反向顺序装配。

⑤ 方向控制阀的功能验证：独立设计简单回路，验证各个阀的功能。

任务评价

序 号	能力点	掌握情况	序 号	能力点	掌握情况
1	安全操作		3	方向控制阀的装配	
2	方向控制阀的拆卸		4	功能验证	

思考与练习

1. 方向控制阀的作用是什么？有哪些类型？

2. 单向阀和液控单向阀的区别是什么？有什么具体应用？

3. 三位换向阀的中位有哪些类型？选择原则是什么？

4. 方向控制阀的控制方式有哪些？

5. 什么是方向控制阀的位？什么是通？试画出二位三通、二位四通、三位四通、三位五通的图形符号。

6. 试改正图 2-45 所示方向控制阀图形符号的错误。

图 2-45

7. 如图 2-46 所示液压缸，$A_1 = 30 \text{ cm}^2$，$A_2 = 12 \text{ cm}^2$，$F = 30 \times 10^3 \text{ N}$，液控单向阀用做闭锁以防止液压缸下滑，阀内控制活塞面积 A_k 是阀芯有效工作面积 A 的 3 倍，若摩擦力、弹簧力均忽略不计，试计算需要多大的控制压力才能开启液控单向阀？开启前液压缸中最高压力为多少？

图 2-46 液压缸

子任务三　压力控制阀结构原理分析

 任务目标

- 掌握压力控制阀工作原理与分类；
- 掌握溢流阀的结构和工作原理；
- 掌握减压阀的结构和工作原理；
- 掌握顺序阀的结构和工作原理；
- 掌握压力继电器结构和工作原理；
- 掌握压力控制阀的压力控制和调节方法。

任务描述

拆装直动型和先导型溢流阀、直动型和先导型减压阀、顺序阀及压力继电器，掌握压力控制阀的工作原理、性能特点及应用，并了解压力控制阀的常见故障现象及排除方法。

知识与技能

压力控制阀是用于控制液压系统中系统或回路压力或利用压力变化来实现某种动作的阀，简称压力阀。这类阀的共同点是利用作用在阀芯上的油液压力和弹簧力相平衡的原理来工作的。按用途不同，可分为溢流阀、减压阀、顺序阀和压力继电器等。

1. 溢流阀

（1）功用和分类

溢流阀在液压系统中的功用主要有两点：一是保持系统或回路的压力恒定，起溢流和稳压作用。如在定量泵节流调速系统中作为溢流衡压阀，用以保持泵的出口压力恒定；二是在系统中作为安全阀使用，在系统正常工作时，溢流阀处于关闭状态，而当系统压力大于或等于其调定压力时，溢流阀才开启溢流，对系统起过载保护作用。此外，溢流阀还可作为背压阀、卸荷阀、制动阀和平衡阀等来使用。溢流阀通常接在液压泵出口处的油路上。

根据结构和工作原理不同，溢流阀可分为直动型溢流阀和先导型溢流阀两类。其中直动型溢流阀结构简单，一般用于低压、小流量系统，先导型溢流阀多用于中、高压及大流量系统中。

（2）直动型溢流阀工作原理

直动型溢流阀的结构原理图和图形符号如图 2-47 所示，阀体上开有进油口 P 和出油口 T，锥阀阀芯在弹簧的作用下压在阀座上，油液压力从进油口 P 作用在阀芯上。当进油压力较小时，阀芯在弹簧的作用下处于下端位置，将 P 和 T 两油口隔开，回油口无液体溢出。当油液压力升高，在阀芯下端所产生的作用力超过弹簧力时，阀芯上升，阀口被打开，液体从回油口流回油箱。弹簧力随着开口大小的增大而增大，直至与油液压力相平衡。调压手轮可以改变弹簧的压紧力，即可调整溢流阀的溢流压力。

（a）结构原理图　　　　　　　（b）图形符号

图2-47　直动型溢流阀结构原理图和图形符号

直动型溢流阀结构简单、制造容易、成本低，但油液压力直接靠弹簧力平衡，所以压力稳定性较差，动作时有振动和噪声；此外，系统压力较高时，要求弹簧刚度大，使阀的开启性能变差。所以直动型溢流阀只用于低压液压系统中。

（3）先导型溢流阀工作原理

先导型溢流阀的结构原理图和图形符号如图2-48所示。先导型溢流阀由先导阀和主阀两部分组成。先导阀实际上是一个小流量的直动型溢流阀，阀芯是锥阀式，用来控制压力；主阀阀芯是滑阀式，用来控制溢流流量。

（a）结构原理图　　　　　　　（b）图形符号

图2-48　先导型溢流阀结构原理图和图形符号

油液从进油口P进入，经阻尼孔（R）到达主阀弹簧腔，并作用在先导阀锥阀阀芯上（一般情况下，远程控制口K是封闭的）。当进油压力不高时，油液压力不能克服先导阀的弹簧力，先导阀口关闭，阀内无油液流动。这时，主阀芯因上下腔油液压力相同，故被主阀弹簧压在阀座上，主阀口亦关闭。当进油压力升高到先导阀弹簧的预调压力时，先导阀口打开，主阀弹簧腔的油液流过先导阀口并经阀体上的通道和回油口 T 流回油箱。这时，油液流过阻尼小孔（R），产生压力损失，使主阀芯两端形成了压力差，主阀芯在此压力差作用下克服弹簧力向上移动，使进、回油口连通，达到溢流稳压的目的。调节先导阀的调压螺钉，便能调整溢流压力。更换不同刚度的调压弹簧，便能得到不同的调压范围。

先导型溢流阀的阀体上有一个远程控制口 K，当将此口通过二位二通阀接通油箱时，主阀芯上端的弹簧腔压力接近于零，主阀芯在很小的压力下便可移动到上端，阀口开至最大，这时系统的油液在很低的压力下通过阀口流回油箱，实现卸荷作用。如果将 K 口接到另一个远程调压阀上（其结构和溢流阀的先导阀一样），并使打开远程调压阀的压力小于先导阀的调定压力，则主阀芯上端的压力就由远程调压阀来决定。使用远程调压阀后便可对系统的溢流压力实行远程调节。

先导阀的作用是控制和调节溢流压力，主阀的作用则在于溢流。先导阀阀口直径较小，即使在较高压力的情况下，作用在锥阀芯上的油液压力也不很大。因此，调压弹簧的刚度不必很大，压力调整也就比较轻便。主阀芯因两端均受油液压力作用，主阀弹簧只需很小的刚度，当溢流量变化引起弹簧压缩量变化时，进油口的压力变化不大，故先导型溢流阀恒定压力的性能优于直动型溢流阀，所以先导型溢流阀可被广泛地用于高压、大流量场合。但先导型溢流阀是两级阀，其反应不如直动型溢流阀灵敏。

（4）溢流阀的主要性能

溢流阀是液压系统中的重要控制元件，其特性对系统的工作性能影响很大。溢流阀的静态特性主要是指压力调节范围、压力－流量特性和启闭特性。

① 压力调节范围：压力调节范围是指调压弹簧在规定的范围内调节时最大和最小调定压力的差值。

② 压力－流量特性（$p-q$ 特性）：压力－流量特性又称溢流特性。它体现溢流量变化时溢流阀进口压力的变化情况，即稳压性能。当阀溢流量发生变化时，阀进口压力波动越小，阀的性能越好。理想的溢流特性曲线应是一条几乎平行于流量坐标的直线，即进口压力达到调压弹簧所确定的压力后，立即溢流，且不管溢流量多少，压力始终保持恒定。但溢流量的变化会引起阀口开口大小变化，从而导致进口压力发生变化。溢流阀的静态特性曲线如图 2-49 所示，先导型溢流阀性能优于直动型溢流阀。

③ 启闭特性：启闭特性是指溢流阀从开启到闭合的过程中，被控压力与通过溢流阀的溢流量之间的关系。由于摩擦力的存在，溢流阀开启和闭合的 $p-q$ 曲线将不重合。溢流阀的启闭特性曲线如图 2-50 所示，实线 1 为先导型溢流阀的开启特性曲线，实线 2 为先导型溢流阀的闭合特性曲线。虚线为直动型溢流阀的启闭特性曲线。由于溢流阀阀芯开启时所受摩擦力和进口压力方向相反，而闭合时相同，因此在相同溢流量下，开启压力大于闭合压力。当溢流阀从关闭状态逐渐开启，其溢流量达到额定流量的 1% 时所对应的压

力，定义为开启压力 p_k，p_k 与调定压力 p_s 之比的百分率，称为开启压力比率。当溢流阀从全开启状态逐渐关闭，其溢流量为其额定流量的 1% 时，所对应的压力定义为闭合压力 p_k'，p_k' 与调定压力 p_s 之比的百分率，称为闭合压力比率。开启压力比率与闭合压力比率越高，阀的性能越好。为保证溢流阀具有良好的静态特性，一般规定开启压力比率应不小于 90%，闭合压力比率不小于 85%。

图 2-49　溢流阀的静态特性曲线

图 2-50　溢流阀的启闭特性曲线

（5）溢流阀的应用

溢流阀在每一个液压系统中都有使用。其主要应用有：

① 溢流阀起溢流稳压作用，在图 2-51 所示由定量泵供油的节流调速回路中，当泵的流量大于节流阀允许通过的流量时，溢流阀使多余的油液流回油箱，此时泵的出口压力保持恒定。

② 作为安全阀使用，在图 2-52 所示由变量泵组成的液压系统中，用溢流阀限制系统的最高压力，防止系统过载。系统在正常工作状态下，溢流阀关闭；当系统过载时，溢流阀打开，使压力油经阀流回油箱。此时溢流阀为安全阀。

图 2-51　溢流阀起溢流稳压的作用

图 2-52　溢流阀作为安全阀使用

③ 作为背压阀使用，在图 2-53 所示的液压回路中，溢流阀串联在回油油路上，溢流产生背压，使运动部件运动平稳性增加。

④ 作为卸荷阀使用，在图 2-54 所示的液压回路中，溢流阀的遥控口串联一小流量的电磁阀，当电磁铁通电时，溢流阀的遥控口通油箱，此时液压泵卸荷。溢流阀此时作为卸荷阀使用。

图 2-53 溢流阀作为背压阀使用

图 2-54 溢流阀作为卸荷阀使用

2. 减压阀

（1）减压阀作用与分类

减压阀是利用油液通过缝隙时产生压力损失的原理，使其出口压力低于进口压力的压力控制阀。在液压系统中减压阀常用于降低或调节系统中某一支路的压力，以满足某些执行元件的需要。减压阀按其工作原理有直动型和先导型之分。按其调节性能又分为保证出口压力为定值的定值减压阀；保证进出口压力差不变的定差减压阀；保证进出口压力成比例的定比减压阀。其中定值减压阀应用最广，简称减压阀。这里只介绍定值减压阀。

（2）直动型减压阀工作原理

图 2-55 为直动型减压阀的结构原理图及图形符号。当阀芯处在原始位置上时，它的阀口是打开的，阀的进、出口相通。这个阀的阀芯由出口处的压力控制，出口压力未达到调定压力时阀口全开，不起减压作用。当出口压力达到调定压力时，阀芯上移，阀口关小，整个阀处于工作状态。如忽略其他阻力，仅考虑阀芯上的油液压力和弹簧力相平衡的条件，则可以认为出口压力基本上维持在某一固定的调定值上。这时若出口压力减小，阀芯下移，阀口开大，阀口处阻力减小，压力降减小，使出口压力回升到调定值。反之，若出口压力增大，则阀芯上移，阀口关小，阀口处阻力加大，压

（a）结构原理图　　（b）图形符号

图 2-55 直动型减压阀结构
原理图及图形符号

力降增大，使出口压力下降到调定值。调整手轮可以改变弹簧的压紧力，即可调整减压阀的出口调定压力。

（3）先导型减压阀工作原理

先导型减压阀的结构原理图及图形符号如图 2-56 所示。与先导型溢流阀的结构相似，先导型减压阀也是由先导阀和主阀两部分组成。其主要区别是：减压阀的先导阀控制出口油液压力，而溢流阀的先导阀控制进口油液压力。由于减压阀的进、出口油液均有压力，所以减压阀先导阀的泄油不能像溢流阀一样流入回油口，而必须设有单独的泄油口。

在正常情况下，减压阀阀口开得很大（常开），而溢流阀阀口则关闭（常闭）。

先导型减压阀的结构原理图如图 2-56（a）所示，液压系统主油路的高压油液从进油口 P_1 进入减压阀，经减压口减压后，低压油液从出油口 P_2 输出。同时低压油液经主阀芯下端油腔又经阻尼孔进入主阀芯上端油腔及先导阀锥阀左端油腔，给锥阀一个向右的油液压力。该油液压力与先导阀调压弹簧的弹簧力相平衡，从而控制低压油油液压力 p_2 基本保持调定压力。当出油口的低压油油液压力 p_2 低于调定压力时，锥阀关闭，主阀芯上下腔油液压力相等，主阀弹簧的弹簧力将主阀芯推向下端，减压口增大，减压阀处于不工作状态。当油液压力 p_2 升高超过调定压力时，锥阀打开，少量油液经锥阀口，由泄油口 L 流回油箱。由于这时有油液流过节流小孔，产生压降，使主阀芯上腔压力低于下腔压力，当此压力差所产生的向上的作用力大于主阀芯重力、摩擦力、主阀弹簧的弹簧力之和时，主阀芯向上移动，使减压口减小，压力损失加剧，油液压力 p_2 随之下降，直到作用在主阀芯上所有力相平衡，主阀芯便处于新的平衡位置，减压口保持一定的开口大小。调整手轮可以改变先导阀弹簧的压紧力，即可调整减压阀的出口调定压力。

（a）结构原理图　　　（b）图形符号

图 2-56　先导型减压阀结构原理及图形符号

动画

减压阀

（4）减压阀的应用

① 减压回路：图 2-57 所示为减压回路，在主系统的支路上串联一个减压阀，用以降低和调节支路液压缸的最大压力。

② 稳压回路：图 2-58 所示为稳压回路，当系统压力波动较大，液压缸 2 需要有较稳定的输入压力时，在液压缸 2 进油路上串联一减压阀，在减压阀处于工作状态下，可使液压缸 2 的压力不受溢流阀压力波动的影响。

③ 单向减压回路：当需要执行元件、正反向压力不同时，可用图 2-59 所示的单向减压回路。图中用双点画线框起的单向减压阀是具有单向阀功能的组合阀。

图2-57 减压回路

图2-58 稳压回路

图2-59 单向减压回路

3. 顺序阀

（1）顺序阀的作用与分类

顺序阀是以压力作为控制信号，自动接通或切断某一油路的压力控制阀。由于它经常被用来控制执行元件动作的先后顺序，故称为顺序阀。顺序阀按其控制方式不同，可分为内控式顺序阀和外控式顺序阀。内控式顺序阀直接利用阀的进口压力油控制阀的启闭；外控式顺序阀利用外来的压力油控制阀的启闭。按顺序阀的结构不同，又可分为直动型顺序阀和先导型顺序阀。

（2）顺序阀的工作原理

顺序阀的工作原理及结构与溢流阀相似，这里仅介绍直动型顺序阀。如图2-60所示，压力油自进油口 P_1 进入阀体，经阀芯中间小孔流入阀芯底部油腔，对阀芯产生一个向上的液压作用力。当油液压力较低时，液压作用力小于阀芯上部的弹簧力，在弹簧力作用下，阀芯处于下端位置，P_1 和 P_2 两油口被隔开。当油液压力升高到作用于阀芯底端的液压作用力大于调定的弹簧力时，在液压作用力的作用下，阀芯上移，使进油口 P_1 和出油口 P_2 相通，油液便经阀口流出，从而操纵另一执行元件或其他元件动作。

（a）结构原理图　　　　（b）内控外泄式图形符号　　（c）外控内泄式图形符号

图2-60 顺序阀的结构原理图及图形符号

从其工作原理上来看，顺序阀与溢流阀的主要区别在于：第一，溢流阀出油口连通油箱，顺序阀的出油口通常是连接另一工作油路，因此顺序阀的进、出口处的油液都是压力油；其次，溢流阀打开时，进油口的油液压力基本上是保持在调定压力值附近，顺序阀打开后，进油口的油液压力可以继续升高；第二，溢流阀出油口连通油箱，其内部泄油可通过出油口流回油箱，而顺序阀出油口油液为压力油，且通往另一工作油路，故顺序阀的内部要有单独设置的泄油口。

（3）顺序阀的应用

① 实现执行元件的顺序动作：图2-61所示为实现定位夹紧顺序动作的液压回路。缸A为定位缸，缸B为夹紧缸。要求进程时（活塞向下运动），A缸先动作，B缸后动作。B缸进油路上串联一单向顺序阀，将顺序阀的压力值调定到高于A缸活塞移动时的最高压力。当电磁阀的电磁铁断电时，A缸活塞先动作，定位完成后，油路压力提高，打开顺序阀，B缸活塞动作。回程时，两缸同时供油，B缸的回油路经单向阀流回油箱，缸A、B的活塞同时动作。

② 与单向阀组合成单向顺序阀：如图2-62所示，在平衡回路上，以防止垂直或倾斜放置的执行元件和与之相连的工作机构因自重而自行下落。

图2-61　实现定位夹紧顺序动作的液压回路　　　图2-62　用单向顺序阀的平衡回路

③ 作为卸荷阀用：图2-63所示为实现双泵供油系统的大流量泵卸荷的回路。大量供油时液压泵1和液压泵2同时供油，此时供油压力小于顺序阀3的调定压力；少量供油时，供油压力大于顺序阀3的调定压力，顺序阀3打开，单向阀4关闭，泵2卸荷，只有泵1继续供油。溢流阀起安全阀作用。

④ 作为背压阀用：如图2-64所示，用于液压缸回油路上，增大背压，使活塞的运动速度稳定。

图 2－63　实现双泵供油系统的大流量泵卸荷回路　　　　图 2－64　顺序阀卸荷回路

1，2—液压泵；3—顺序阀；4，6—单向阀；5—溢流阀

4. 压力继电器

（1）压力继电器的工作原理

压力继电器是利用油液压力来启闭电气触点的液压－电气转换元件，它在油液压力达到其调定压力时，发出电信号，控制电气元件动作，实现泵的加载或卸荷、执行元件的顺序动作或系统的安全保护和联锁等其他功能。任何压力继电器都由压力－位移转换装置和微动开关两部分组成。按前者的结构分，有柱塞式、弹簧管式、膜片式和波纹管式四类，其中以柱塞式最常用。

图 2－65（a）为柱塞式压力继电器的结构原理图。压力油从进油口 P 通入，作用在柱塞的底部，当其压力达到弹簧的调定值时，便克服弹簧力和柱塞表面摩擦力推动柱塞上升，通过顶杆触动微动开关发出电信号。图 2－65（b）所示为栓塞式压力继电器的图形符号。

（a）结构原理图　　　　（b）图形符号

图 2－65　柱塞式压力继电器结构原理图及图形符号

（2）压力继电器的性能参数

压力继电器性能参数主要有：

① 调压范围。指能发出电信号的最低工作压力和最高工作压力的范围。

② 灵敏度和通断调节区间。压力升高压力继电器接通电信号的压力（称为开启压力）和压力下降压力继电器复位切断电信号的压力（称为闭合压力）之差为压力继电器的灵敏度。为避免压力波动时继电器时通时断，要求开启压力和闭合压力间有一可调节的差值范围，称为通断调节区间。

③ 重复精度。在一定的调定压力下，多次升压（或降压）过程中，开启压力和闭合压力本身的差值称为重复精度。

④ 升压或降压动作时间。压力由卸荷压力升到调定压力，微动开关触角闭合发出电信号的时间，称为升压动作时间，反之称为降压动作时间。

（3）压力继电器的应用

① 安全控制：压力继电器可实现安全控制。当系统压力达到压力继电器事先调定的压力值时，压力继电器即发出电信号，使由其控制的系统停止工作，对系统起安全保护作用。

② 执行元件的顺序动作：压力继电器可实现执行元件的顺序动作。当系统压力达到压力继电器事先调定的压力值时，压力继电器即发出电信号，使由其控制的执行元件开始动作。

任务实施

① 直动型压力阀的拆卸：拆下调压螺母，取出弹簧，分离阀芯、阀体，了解阀的结构、特点、工作原理及应用。

② 先导型压力阀的拆卸：拆卸先导阀调压螺母，取出弹簧，分离先导阀阀芯和阀体；拆卸主阀螺钉，取出弹簧，分离主阀阀芯和阀体，了解阀的结构、工作原理及应用。

③ 压力继电器的拆卸：拆卸控制端螺钉，取出弹簧，杠杆和阀芯，拆卸微动开关，了解压力继电器的结构、工作原理及应用。

④ 压力控制阀的装配：装配前清洗各零件，给配合面涂润滑油，按照拆卸的反向顺序装配。

⑤ 压力控制阀的功能验证：独立设计简单回路，验证各个阀的功能。

任务评价

序　号	能力点	掌握情况	序　号	能力点	掌握情况
1	安全操作		3	压力控制阀的装配	
2	压力控制阀的拆卸		4	功能验证	

思考与练习

1. 压力控制阀的作用是什么？有哪些类型？

2. 溢流阀的作用是什么？有哪些类型？

3. 简述先导型溢流阀的工作原理。

4. 减压阀的作用是什么？有哪些类型？

5. 减压阀和溢流阀的区别是什么？

6. 溢流阀的作用是什么？

7. 压力继电器的作用是什么？

8. 如图2-66所示液压系统（1），若不计管路压力损失时，液压泵的输出压力为多少？

图2-66　液压系统（1）

9. 两个不同调定压力的减压阀串联后的出口压力决定于哪一个减压阀的调定压力？为什么？若两个不同调定压力的减压阀并联时，出口压力又决定于哪一个减压阀？为什么？

10. 如图2-67所示液压系统（2），缸Ⅰ、Ⅱ的外负载 $F_1 = 20\ 000$ N，$F_2 = 30\ 000$ N，有效工作面积都是 $A = 50$ cm^2，问：

① 不计管道阻力损失，缸Ⅰ动作时，顺序阀调定压力至少为多少？

② 若要求缸Ⅱ先于缸Ⅰ动作，顺序阀的调定压力至少为多少？溢流阀的调定压力至少为多少？

11. 如图2-68所示的回路中，溢流阀的调定压力为 $p_Y = 5$ MPa，减压阀的调定压力 $p_J = 2.5$ MPa。试分析下列情况，并说明减压阀的阀口处于什么状态？

① 当泵的工作压力 p_Y 时，夹紧缸使工件夹紧后，A、C 点的压力为多少？

② 当泵压力由于工作缸快进而降到 $p_Y = 1.5MPa$ 时，A、C 点的压力各为多少？

③ 夹紧缸在未夹紧工件前做空载运动时，A、B、C 三点的压力各为多少？

图2-67　液压系统（2）　　　　　　　图2-68　回路

子任务四　流量控制阀结构原理分析

任务目标

- 掌握流量控制阀的作用及分类；
- 掌握流量控制阀的流量控制原理；
- 了解节流阀的作用、结构和工作原理；
- 掌握调速阀的工作原理；
- 了解流量控制阀的常见故障现象及排除方法。

任务描述

拆装节流阀和调速阀，掌握流量控制阀的工作原理、性能特点及应用，并了解流量控制阀的常见故障现象及排除方法。

知识与技能

来了解一下流量控制阀！

1. 流量控制阀

流量控制阀简称流量阀，它通过改变节流口通流截面面积或通流通道的长短来改变局部阻力的大小，从而实现对流量的控制，进而改变执行元件的运动速度。常用的流量控制阀有节流阀和调速阀两种。对流量控制阀的主要要求：具有足够的调节范围；能保证稳定的最小流量；温度和压力变化对流量的影响要小；调节方便，泄漏小等。

2. 节流口流量特性及形式

（1）节流口的流量特性

节流口的流量特性是指油液流经节流口时，通过节流口的流量所受到的影响因素，以及这些因素与流量之间的关系。分析节流口流量特性的理论依据是节流口的流量特性方程

$$q = CA_{\mathrm{T}}(\Delta p)^m$$

式中：q——流经节流口的流量；

  C——由节流口形状、流动状态、油液性质等因素决定的系数；

  A_{T}——节流口通流截面面积；

  Δp——节流口前后压力差；

  m——节流指数，对于薄壁孔 $m = 0.5$；对于细长孔，$m = 1$。

由上式可知：在压力差 Δp 一定时，改变通流截面面积 A，可改变通过节流口的流量。流经节流口的流量稳定性与节流口前后压力差、油温及节流口形状有关：

① 压力差 Δp 发生变化时，流量也发生变化，且 m 越大，Δp 的影响就越大，因此节流口宜制成薄壁孔（$m = 0.5$）。

② 油温变化会引起工作油液黏度发生变化，从而对流量产生影响，这在细长孔式节流口上是十分明显的。对薄壁孔式节流口来说，薄壁孔受温度的影响较小。

③ 当节流口的通流截面面积小到一定程度时，在保持所有因素都不变的情况下，通过节流口的流量会出现周期性的脉动，甚至造成断流，这就是节流口的阻塞现象，节流口的阻塞会使液压系统中执行元件的速度不均匀。每个节流阀都有一个能正常工作的最小流量限制，称为节流阀的最小稳定流量。为减少阻塞现象，可采用水力直径大的节流口、选择化学稳定性和抗氧化性好的油液以及保持油液的清洁，这样可提高流量稳定性。

（2）节流口的形式

节流阀的结构主要取决于节流口的形式，节流口的常见形式如图 2 - 69 所示。

如图 2 - 69（a）所示，针阀节流口的截面形式为环形缝隙。当改变阀芯轴向位置时，通流截面面积发生改变。此节流口的特点：结构简单、易于制造，但水力直径小，流量稳定性差，适用于对节流性能要求不高的系统。

如图 2 - 69（b）所示，在阀芯上开有周向偏心槽，其截面为三角槽，转动阀芯，可改变通流截面面积。这种节流口水力直径较针阀式节流口大，流量稳定性较好，但在阀芯上有径向不平衡力，使阀芯转动费力，一般用于低压系统。

如图 2 - 69（c）所示，在阀芯截面轴向开有两个轴向三角槽，当轴向移动阀芯时，三角槽与阀体间形成的节流口通流截面面积发生变化。这种节流口的工艺性好，径向力平衡，水力直径较大，调节方便，广泛应用于各种流量阀中。

如图 2 - 69（d）所示，为得到薄壁孔的效果，在阀芯内孔局部铣出一薄壁区域，然后在薄壁区开出一周向缝隙。此节流口形状近似矩形，通流性能较好，由于接近于薄壁

孔，其流量稳定性也较好。

如图 2-69（e）所示，此节流口的形式为在阀套外壁铣削出一薄壁区域，然后在其中间开一个近似梯形窗口（如图中 A 向放大图所示）。圆柱形阀芯在阀套光滑圆孔内轴向移动时，阀芯前沿与阀套所开的梯形窗口之间所形成的矩形，从由矩形到三角形变化的节流口。由于更接近于薄壁孔，通流性能较好，这种节流口为目前最好的节流口之一，用于要求较高的节流阀上。

（a）针阀节流口

（b）偏心槽式节流口

（c）三角槽式节流口

（d）旋转槽式节流口

（e）缝隙式节流口

图 2-69　常见节流口的形式

3. 节流阀

（1）节流阀工作原理

图 2-70 所示为一种普通节流阀的结构原理图及图形符号。这种节流阀的节流通道呈轴向三角槽式。油液从进油口 P_1 流入，经孔道 a 和阀芯左端的三角槽进入孔道 b，再从出油口 P_2 流出。调节手柄就能通过推杆使阀芯做轴向移动，改变节流口的通流截面面积来调节流量。阀芯在弹簧的作用下始终紧贴在推杆上。

（2）节流阀的应用

① 进油口节流调速：将普通节流阀安置在液压缸工进时的进油管路上，与定量泵、溢流阀共同组成节流阀进口节流调速回路，如图 2-71 所示。

② 出油口节流调速：将普通节流阀安置在液压缸工进时的回油管路上，与定量泵、溢流阀共同组成节流阀出口节流调速回路，如图 2-72 所示。

（a）结构原理图　　　　　　　　（b）图形符号

图 2-70　普通节流阀的结构原理图及图形符号

图 2-71　普通节流阀的进口节流调速回路　　　图 2-72　普通节流阀的出口节流调速回路

在上述两种调速回路中，节流阀的通流截面面积调大，液压缸活塞的运动速度提高；反之则降低。即调节节流阀通流截面面积（开口）的大小，就调整了液压缸的运动速度。

③ 旁路节流调速：将普通节流阀安置在与液压缸工进时并联的管路上，与定量泵和溢流阀便构成了节流阀旁路节流调速回路，如图 2-73 所示。调节节流阀的开口大小，便可调整液压缸活塞的运动速度。与进口、出口节流调速不同的是，节流阀的开口调大，液压缸活塞的运动速度降低；反之亦然。这里的溢流阀作为安全阀用，即系统正常工作时，溢流阀关闭；系统过载并达到事先设定的危险压力时，溢流阀才开启、溢流，使系统压力不再升高，起安全保护作用。

④ 作为背压阀用：将普通节流阀安置在液压缸工进时回油管路上，可使液压缸的回油产生压力 p_2，即形成背压，作为背压阀用，如图 2-74 所示。

⑤ 组成容积节流调速回路：普通节流阀和差压式变量泵等组合在一起可构成容积节流调速回路（详见项目三速度控制回路分析与组建）。

节流阀的流量调节靠调节节流口的开口面积来调节液压缸活塞的运动速度，其流量的稳定性受压力和温度影响较大。

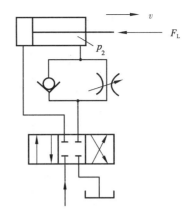

图2-73 普通节流阀的旁路节流调速回路 图2-74 普通节流阀作为背压阀用

4. 调速阀和溢流节流阀

通过节流口的流量特性方程可知，通过节流阀的流量受其进出口两端压力差变化影响。在液压系统中，执行元件的负载变化时引起系统压力变化，进而使节流阀两端的压力差也发生变化，而执行元件的运动速度与通过节流阀的流量有关。因此负载变化，其运动速度也发生相应变化。为了使流经节流阀的流量不受负载变化的影响，必须对节流阀前后的压力差进行压力补偿，使其保持在一个稳定值上。这种带压力补偿的流量阀称为调速阀。

目前调速阀中所采取的保持节流阀前后压力差恒定的压力补偿的方式主要有两种：其一是将定差减压阀与节流阀串联，称为调速阀；其二是将溢流阀与节流阀并联，称为溢流节流阀。在此着重介绍这两种阀。

（1）调速阀

① 调速阀的工作原理：调速阀由定差减压阀和节流阀两部分组成。定差减压阀可以串联在节流阀之前，也可串联在节流阀之后。图2-75为调速阀的结构原理图及图形符号，图中1为定差减压阀阀芯，2为节流阀阀芯，压力为p_1的油液流经减压阀阀口 X_R后，压力降为p_2。然后经节流阀节流口流出，其压力降为p_3。进入节流阀前的压力为p_2的油液，经通道e和f进入定差减压阀的b和c腔，而流经节流口压力为p_3的油液，经通道g被引入减压阀a腔。当减压阀的阀芯在弹簧力F_s、油液动力F_y、油液压力$A_3 p_3$和（$A_1 + A_2$）p_2的作用下处于平衡位置时，调速阀处于工作状态。此时，当调速阀出口压力p_3因负载增大而增加时，作用在减压阀阀芯左端的压力增加，阀芯失去平衡向右移动，减压阀阀口 X_R 直径增大，减压作用减小，p_2增加，结果节流阀口两端压力差 $\Delta p = p_2 - p_3$基本保持不变。同理，当p_3减小时，减压阀阀芯左移，p_2也减少，节流口两端压力差同样基本不变。这样，通过节流口的流量基本不会因负载的变化而改变。

② 调速阀的应用：调速阀的应用与节流阀相似，凡是节流阀能应用的场合，调速阀均可应用。与普通节流阀不同的是，调速阀应用于对速度稳定性要求较高的液压系统中。

动画

调速阀

（a）结构原理图 　　　　　　（b）图形符号 　　（c）简化图形符号

图 2−75　调速阀结构原理图及图形符号

1—定差减压阀阀芯；2—节流阀阀芯

（2）溢流节流阀

① 溢流节流阀工作原理：溢流节流阀是溢流阀与节流阀并联而成的组合阀，它也能补偿因负载变化而引起的流量变化。图 2−76 为溢流节流阀结构原理图及图形符号。与调速阀不同，用于实现压力补偿的差压式溢流阀 1 的进口与节流阀 2 的进口并联，节流阀的出口接执行元件，差压式溢流阀的出口接回油箱。节流阀的前后压力 p_1 和 p_2 经阀体内部通道反馈作用在差压式溢流阀的阀芯两端，在溢流阀阀芯受力平衡时，压力差（$p_1 - p_2$）被弹簧力平衡并保持基本不变，因此流经节流阀的流量基本稳定。

（a）结构原理 　　　　　　　　（b）图形符号 　　　　（c）简化图形符号

图 2−76　溢流节流阀结构原理图及图形符号

② 溢流节流阀的应用：溢流节流阀和调速阀都能使速度基本稳定，但其性能和使用范围不完全相同。主要差别是：

108

a. 溢流节流阀进口压力即泵的供油压力 p 随负载的大小而变化。负载大，供油压力大，反之亦然。因此泵的功率输出合理、损失较小，效率比采用调速阀的节流调速回路高。

b. 溢流节流阀的流量稳定性较调速阀差，尤其在小流量时。因此，在有较高稳定流量要求的场合不宜采用溢流节流阀，而对流量稳定性要求不高、功率又较大的节流调速系统中，如插床、拉床、刨床中应用较多。

c. 在使用中，溢流节流阀只能安装在节流调速回路的进油路上，而调速阀在节流调速回路的进油路、回油路和旁油路上都可以应用。因此，调速阀比溢流节流阀应用广泛。调速阀由定差减压阀和一个节流阀串联组合而成。用定差减压阀来保证可调节流阀前后的压力差 Δp 不受负载变化的影响，从而使通过节流阀的流量保持稳定。

任务实施

来干点活!

① 节流阀的拆卸：拆下流量调压螺母，取出推杆、阀芯、弹簧，了解阀的结构、特点、工作原理及应用。

② 调速阀的拆卸：拆卸下调速阀中的节流阀，拆下减压阀的螺钉，取出减压阀的弹簧和阀芯，了解阀的结构、工作原理及应用。

③ 流量控制阀的装配：装配前清洗各零件，给配合面涂润滑油，按照拆卸的反向顺序装配。

④ 流量控制阀的功能验证：独立设计简单回路，验证各个阀的功能。

任务评价

序　号	能力点	掌握情况	序　号	能力点	掌握情况
1	安全操作		3	阀的装配	
2	阀的拆装		4	功能验证	

思考与练习

1. 流量控制阀的作用是什么？有哪些类型？

2. 为什么节流口设计为薄壁孔？

3. 简述节流阀的工作原理并说明它的应用。

4. 简述调速阀的工作原理并说明它的应用。

5. 简述溢流节流阀的工作原理并说明它的应用。

6. 调速阀和溢流节流阀的区别是什么？

7. 如图 2−77 所示回路中，已知液压缸无杆腔的有效工作面积均为 100 cm^2，有杆腔的有效工作面积均为 50 cm^2，当最大负载均为 $F_1 = 14 \times 10^3$ N，$F_2 = 4\ 500$ N，背压 $p = 1.5 \times 10^5$ Pa，节流阀 2 的压力差 $\Delta p = 2 \times 10^5$ Pa 时，试问：

① A、B、C 各点的压力（忽略管路损失）；

② 泵和阀 1、2、3 最小应选多大的额定压力？

③ 若两缸活塞进给速度分别为 $v_1 = 3.5 \text{ cm/s}$，$v_2 = 4 \text{ cm/s}$，泵和各阀的额定流量应选多大？

④ 若通过节流阀的流量为 10 L/min，通过减压阀的流量为 20 L/min，试求两缸活塞的运动速度。

8. 如图 2-78 所示，两液压缸有效工作面积及负载均相同，但在工作中发生不能按规定的 A 活塞先动、B 活塞后动顺序动作，试分析其原因，并提出改进的方法。

图 2-77　节流阀的回路

图 2-78　回路图（一）

9. 在图 2-79 所示回路中，液压泵的流量 $q_p = 10 \text{ L/min}$，液压缸无杆腔面积 $A_1 = 50 \text{ cm}^2$，液压缸有杆腔面积 $A_2 = 25 \text{ cm}^2$，溢流阀的调定压力 $p_p = 24 \text{ MPa}$，负载 $F = 10 \text{ kN}$。节流口为薄壁孔，流量系数 $C_d = 0.62$，油液密度 $\rho = 900 \text{ kg/m}^3$，试求：节流口通流面积 $A_T = 0.05 \text{ cm}^2$ 时的液压缸活塞速度 v、液压泵压力 p_p、溢流功率损失 ΔP_y 和回路效率 η。

10. 在图 2-80 所示回路中，已知两节流阀通流截面面积分别为 $A_1 = 0.02 \text{ cm}^2$，$A_2 = 0.01 \text{ cm}^2$，流量系数 $C_q = 0.67$，油液密度 $\rho = 900 \text{ kg/m}^3$，负载压力 $p = 2 \text{ MPa}$，溢流阀调定压力 $p_Y = 3.6 \text{ MPa}$，活塞面积 $A = 50 \text{ cm}^2$，液压泵流量 $q_p = 25 \text{ L/min}$，如不计管道损失，试问：

① 电磁铁接通和断开时，液压缸活塞的运动速度各为多少？

② 将两个节流阀对换一下，结果会如何？

图 2-79　回路图（二）

图 2-80　回路图（三）

拓展任务一 插装阀与叠加阀结构原理分析

任务目标

> 要想成功，得了解一下新式武器！

- 掌握插装阀的结构及分类；
- 了解插装阀的工作原理；
- 掌握叠加阀的结构及分类；
- 了解叠加阀的工作原理。

任务描述

查阅资料，了解插装阀和叠加阀结构及工作原理，分析其性能特点。

知识与技能

1. 插装阀

插装阀又称逻辑阀，是一种较新型的液压元件。它的特点是通流能力强、密封性能好、动作灵敏、结构简单，因而主要用于流量较大的系统或对密封性能要求较高的系统。

（1）插装阀的工作原理

插装阀的结构原理图及图形符号如图2-81所示，它由控制盖板、插装单元（包括阀套、弹簧、阀芯及密封件）、插装块体等组成。由于这种阀的插装单元在回路中主要起通、断作用，故又称二通插装阀。二通插装阀的工作原理与液控单向阀相同。图中A和B为主油路仅有的两个工作油口，K为控制油口（与先导阀相接）。当K口无油液压力作用时，阀芯受到的向上的油液压力大于弹簧力，阀芯开启，A与B相通，至于液流的方向，视A、B口的油液压力大小而定。反之，当K口有油液压力作用时，且K口的油液压力大于A和B口的油液压力，才能保证A与B之间关闭。

（a）结构原理图　　　　（b）图形符号

图2-81 插装阀的结构原理图及图形符号

插装阀通过与各种先导阀组合，便可组成方向控制阀、压力控制阀和流量控制阀，其结构如图2-82所示。

图2-82 插装阀的组成

（2）方向控制插装阀

插装阀可以组成各种方向控制阀，如图2-83所示。图2-83（a）所示为单向阀，当$p_A > p_B$时，阀芯关闭，A与B不通；而当$p_B > p_A$时，阀芯开启，油液从B流向A。图2-83（b）所示为二位二通阀，当二位三通电磁阀断电时，阀芯开启，A与B接通；电磁阀通电时，阀芯关闭，A与B不通。图2-83（c）所示为二位三通阀，当二位四通电磁阀断电时，A与T接通；电磁阀通电时，A与P接通。图2-83（d）所示为二位四通阀，当二位四通电磁阀断电时，P与B接通，A与T接通；电磁阀通电时，P与A接通，B与T接通。

图2-83 插装阀作为方向控制阀

（3）压力控制插装阀

插装阀可以组成压力控制阀，如图 2 - 84 所示。在图 2 - 84（a）中，如 B 接油箱，则插装阀用作溢流阀，其原理与先导型溢流阀相同。如 B 接负载，则插装阀起顺序阀作用。图 2 - 84（b）所示为电磁溢流阀，当二位二通电磁阀通电时起卸荷作用。

（a）溢流阀　　　　　　　（b）电磁溢流阀

图 2 - 84　插装阀作为压力控制阀

（4）流量控制插装阀

二通插装节流阀的结构原理图及图形符号如图 2 - 85 所示。在插装阀的控制盖板上有阀芯限位器，用来调节阀芯开口大小，从而起到流量控制阀的作用。若在二通插装阀前串联一个定差减压阀，则可组成二通插装调速阀。

（a）结构原理图　　　　　　　（b）图形符号

图 2 - 85　二通插装节流阀的结构原理图及图形符号

2. 叠加阀

（1）叠加阀的工作原理

叠加式液压阀简称叠加阀，它是在板式阀集成化基础上发展起来的集成式液压元件。

叠加阀的结构特点是阀体本身除容纳阀芯外，还兼有通道体的作用，即每个阀体上都加工出公共油液通道，各阀芯相应油口在阀体内与公共油道相接。从而能用其阀体的上、下安装面进行叠加式无管连接，组成集成化液压系统。使用叠加阀可实现液压元件间无管化集成连接，使液压系统连接方式大为简化，系统紧凑，功耗减少，设计安装周期缩短。

图 2 - 86　叠加式液压系统外观图

在叠加式液压系统中一个主换向阀及相关的其他控制阀所组成的子系统可以叠加成一阀组，阀组与阀组之间可以用底板或油管连接形成总液压回路，其外观如图 2 - 86 所示。

目前，叠加阀的生产已形成系列，每一种通径系列的叠加阀的主油路通道的位置、直径、安装螺钉的大小、位置、数量都与相应通径的主换向阀相同。因此，每一通径系列的叠加阀都可叠加起来组成相应的液压系统。

叠加阀根据工作性能，可分为单功能叠加阀和复合功能叠加阀两类。

（2）单功能叠加阀

单功能叠加阀与普通板式液压阀一样，也有压力控制阀（溢流阀、减压阀、顺序阀等）、流量控制阀（节流阀、调速阀等）和方向控制阀（只有单向阀，主换向阀不属于叠加阀）等。为便于连接形成系统，每个阀体上都具备 P、T、A、B 四条贯通的通道，阀内油口根据阀的功能分别与自身相应的通道相连接。为便于叠加，在阀体的结合面上，上述各通道的位置相同。由于结构的限制，这些通道多数是用精密铸造成型的异型孔。

单功能叠加阀的工作原理、内部结构，均与普通同类板式液压阀相似。在此仅以溢流阀为例，说明单功能叠加阀的结构特点。

图 2 - 87 为先导型叠加阀的结构原理图及图形符号。图中先导阀为锥阀，主阀芯为前端为锥面的圆柱形。压力油从阀口 P 进入主阀芯右端 e 腔，作用于主阀芯 6 右端，同时通过小孔 d 进入主阀芯左腔 b，再通过小孔 a 作用于锥阀芯 3 上。当进油口压力小于阀的调定压力时，锥阀芯关闭，主阀芯无溢流，当进油口压力升高，达到阀的调定压力后，锥阀芯打开，液流经小孔 d、a 到达出油口 T_1，液流流经阻尼孔 d 时产生压力降，使主阀芯两端产生压力差，此压力差克服弹簧力使主阀芯 6 向左移动，主阀芯开始溢流。调节推杆 1，可压缩弹簧 2。从而调节阀的调定压力。

（3）复合功能叠加阀

复合功能叠加阀又称多机能叠加阀。它是在一个控制阀芯单元中实现两种以上的控制功能的叠加阀。在此以顺序背压阀为例，介绍复合叠加阀的结构特点。

图 2 - 88 为顺序背压叠加阀，其作用是在差动系统中，当执行元件快速运动时，保证液压缸回油畅通；当执行元件进入工进工作过程后，顺序阀自动关闭，背压阀工作，在油缸回油腔建立起所需的背压。该阀的工作原理：当执行元件快进时，A 口的压力低于顺序阀的调定压力值，主阀芯在调压弹簧的作用下，处于左端，油口 B 液流畅通，顺序阀处于

常通状态。执行元件进入工进工作过程后，由于流量阀的作用，使系统的压力提高，当进油口 A 的压力超过顺序阀的调定压力值时，控制活塞推动主阀芯右移，油口 B 被截断，顺序阀关闭，此时 B 腔回油阻力升高，压力油作用在主阀芯上开有轴向三角槽的台阶左端面上，对阀芯产生向右的推力，主阀芯在 A、B 两腔油液压力的作用下，继续向右移动使节流阀口打开，B 腔的油液经节流口回油，维持 B 腔回油保持一定值的压力。

（a）结构原理图

Y_1-F10D-P/T

（b）图形符号

图 2-87　先导型叠加阀的结构原理图及图形符号

1—推杆；2、5—弹簧；3—锥阀芯；4—锥阀座；6—主阀芯

图 2-88　顺序背压叠加阀

任务实施

① 查阅资料，观察实物；

② 分析插装阀的结构特点及应用；

③ 分析叠加阀的特点及应用。

任务评价

序　号	能力点	掌握情况	序　号	能力点	掌握情况
1	知识迁移能力		3	计算机操作能力	
2	分析问题能力				

思考与练习

1. 插装阀的工作原理是什么？有哪些类型？

2. 叠加阀的工作原理是什么？有哪些类型？

3. 叠加阀、插装阀与普通液压阀相比较有哪些主要区别？

4. 图 2−89 所示为用插装阀组成的两个方向阀，若阀关闭时 A、B 有压力差，试判断电磁铁得电和断电时压力油能否经锥阀流动，并分析各自可作为何种换向阀使用。

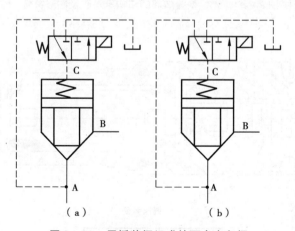

图 2−89　用插装阀组成的两个方向阀

拓展任务二　电液比例阀、电液伺服阀与电液数字阀结构原理分析

数字控制更精确！

任务目标

- 了解电液比例阀的工作原理及应用；
- 了解电液伺服阀的工作原理及应用；
- 了解电液数字阀的工作原理及应用。

任务描述

查阅资料，观察实物，了解电液比例阀、电液伺服阀与电液数字阀结构组成及工作原理，分析其性能特点。

知识与技能

1. 电液比例阀

前述各种阀大都是手动调节和开关式控制的阀，其输出参数在处于工作状态时是不可调节的，而电液比例阀是一种可以按输入的电气信号连续地、按比例地或按一定程序对油液的压力、流量或方向进行远距离控制的阀，广泛应用于要求对液压参数进行连续控制或程序控制，但对控制精度和动态特性要求不太高的液压系统中。

现在的电液比例阀，一类是由电液伺服阀简化结构、降低精度发展起来的；另一类是用比例电磁铁取代普通液压阀的手调装置或电磁铁发展起来的。这里介绍的均指后者，它是当今电液比例阀的主流。

电液比例阀的构成，从原理上讲相当于在普通液压阀上，装上一个比例电磁铁以代替原有的控制（驱动）部分。比例电磁铁是一种直流电磁铁，与普通换向阀用电磁铁的不同主要在于，比例电磁铁的输出推力与输入的线圈电流基本成比例。这一特性使比例电磁铁可作为液压阀中的信号给定元件。

普通电磁换向阀所用的电磁铁只要求有吸合和断开两个位置，并且为了增加吸力，在吸合时磁路中几乎没有气隙。而比例电磁铁则要求吸力（或位移）和输入电流成比例，并在衔铁的全部工作位置上，磁路中保持一定的气隙。图2-90为比例电磁铁的结构原理图。

根据用途和工作特点的不同，电液比例阀可以分为电液比例压力阀、电液比例方向阀和电液比例流量阀三大类。

下面对三类电液比例阀的工作原理进行简单介绍。

（1）电液比例压力阀

用比例电磁铁取代先导型溢流阀的手调装置（调压手柄），便可组成先导型比例溢流阀，如图2-91所示。该阀下部与普通溢流阀的主阀相同，上部则为比例先导型压力阀。该阀还附有一个手动调整的安全阀（先导阀）9，用以限制先导型比例溢流阀的最高压

力。以避免因电子仪器发生故障使得控制电流过大，压力超过系统允许最大压力的发生。比例电磁铁的推杆向先导阀阀芯施加推力，该推力作为先导阀压力负反馈的指令信号。随着输入电信号强度的变化，比例电磁铁的电磁力将随之变化，从而改变指令力 $P_{指}$ 的大小，使锥阀的开启压力随输入信号的变化而变化。若输入信号连续地、按比例地或按一定程序变化，则先导型比例溢流阀所调节的系统压力也连续地、按比例地或按一定的程序进行变化。因此，先导型比例溢流阀多用于系统的多级调压或实现连续的压力控制。

图 2-90　比例电磁铁的结构原理图

1—轭铁；2—线圈；3—限位环；4—隔磁环；5—壳体；6—内盖；7—盖；8—调节螺钉；
9—弹簧；10—衔铁；11—（隔磁）支承环；12—导向套

（a）结构原理图　　　　　　　（b）图形符号

图 2-91　先导型比例溢流阀的结构原理图及图形符号

1—阀座；2—先导锥阀；3—轭铁；4—衔铁；5—弹簧；6—推杆；7—线圈；8—弹簧；9—安全阀（先导阀）

直动型压力阀作为先导阀与其他普通压力阀的主阀相配，便可组成先导型比例溢流阀、先导型比例顺序阀和先导型比例减压阀。

（2）电液比例方向阀

用比例电磁铁取代电磁换向阀中的普通电磁铁，便构成直动型比例方向阀。由于使用了比例电磁铁，阀芯不仅可以换位，而且换位的行程可以连续地或按比例地变化，因而连通油口间的通流截面面积也可以连续地或按比例地变化，所以直动型比例方向节流阀不仅能控制执行元件的运动方向，而且能控制其速度。

部分比例电磁铁前端还附有位移传感器，能准确地测定电磁铁的行程，并向放大器发出电反馈信号。放大器将输入信号和反馈信号加以比较后，再向比例电磁铁发出纠正信号以补偿误差，因此阀芯位置的控制更加精确。

（3）电液比例流量阀

用比例电磁铁取代节流阀或调速阀的手调装置，以输入电信号控制节流口开口大小，便可连续地或按比例地远程控制其输出流量，实现执行部件的速度调节。节流阀芯由比例电磁铁的推杆操纵，输入的电信号不同，则电磁力不同，推杆受力不同，与阀芯左端弹簧力平衡后，便有不同的节流口开口大小。由于定差减压阀已保证了节流口前后压力差为定值，所以一定的输入电流就对应一定的输出流量，不同的输入信号变化，就对应着不同的输出流量变化。

2. 电液伺服阀

电液伺服阀是 20 世纪 40 年代为满足航空、军工应用的需要而出现的一种液压控制阀，比电液比例阀的精度更高、响应更快，其输出流量或压力受输入的电气信号控制，电液伺服阀价格较高，对过滤精度的要求也较高，电液伺服阀目前广泛应用于要求高精度控制的自动控制设备中，用以实现位置控制、速度控制和力的控制等。电液伺服阀和电液伺服系统中动态过程非常复杂，这里仅对电液伺服阀工作原理进行简单介绍。

电液伺服阀由伺服放大器进行控制。伺服放大器的输入电压信号来自电位器、信号发生器、同步机组和计算机的 D/A 转换器输出的电压信号等；其输出装置（力矩马达）的电流与输入电压信号成正比。伺服放大器是具有深度电流负反馈的放大器，一般主要包括比较元件（即加法器或误差检测器）、电压放大和功率放大三部分。电液伺服阀在系统中一般不用作开环控制，系统的输出参数必须进行反馈，形成闭环控制。有的电液伺服阀还有内部状态参数的反馈。

图 2-92 所示为一典型的电液伺服阀，由输出装置、液压控制阀和反馈机构三部分组成。

电液控制阀的输出装置的直接作用是将伺服放大器输入的电流转换为力矩或力（前者称为力矩马达，后者称为力马达），进而转换为在弹簧支承下阀的运动部件的角位移（力矩马达）或直线位移（力马达）以控制阀口的通流截面面积大小。

液压与气动技术

（a）电液伺服阀结构　　　　　　　　（b）力矩马达结构

图 2-92　典型的电液伺服阀

1—喷嘴；2—挡板；3—弹簧管；4—线圈；5—永久磁铁；6、8—导磁体；
7—衔铁；9—阀体；10—阀芯；11—节流孔；12—过滤器

图 2-92（a）的上部及图 2-92（b）表示力矩马达的结构。衔铁 7 和挡板 2 为一整体，由固定在阀座上的弹簧管 3 支承。挡板下端的球头插入阀芯 10 的凹槽，前后两块永久磁铁 5 与导磁体 6、8 形成一固定磁场。当线圈 4 内无控制电流时，导磁体 6、8 和衔铁间四个间隙中的磁通相等，且方向相同，衔铁受力平衡处于中位。当线圈中有控制电流时，一组对角方向气隙中的磁通增加，另一组对角方向气隙中的磁通减小，于是衔铁在磁力作用下克服弹簧力，偏移一角度。挡板随衔铁偏转而改变其与两个喷嘴 1 与挡板间的间隙，一个间隙减小，另一个间隙相应增加。该电液伺服阀的液压阀部分为双喷嘴挡板先导阀控制的功率级滑阀式主阀。压力油经 P 口直接为主阀供油，但进喷嘴挡板的油液则需经过滤器 12 进一步过滤。

当挡板偏转使其与两个喷嘴间隙不等时，间隙小的一侧的喷嘴腔压力升高，反之间隙大的一侧喷嘴腔压力降低。这两腔压力差作用在阀芯的两端面上，使阀芯产生位移，阀口开启。这时压力油经 P 口和滑阀的一个阀口并经油口 A 或 B 流向液压缸（或马达），液压缸（或马达）的排油则经油口 B 或 A 和另一阀口并经油口 T 与回油相通。

阀芯移动时带动挡板下端球头一起移动，从而在衔铁挡板组件上产生力矩，形成力反馈，因此这种阀又称力反馈伺服阀。稳态时衔铁挡板组件在驱动电磁力矩、弹簧的弹性反力矩、喷嘴液动力产生的力矩、阀芯位移产生的反馈力矩作用下保持平衡。输入电流越大，电磁力矩也越大，阀芯位移即阀口通流截面面积也越大，在一定阀口压力差（如 7 MPa）下，通过阀的流量也越大，即在一定阀口压力差下，阀的流量近似与输入电流成正比。当输入电流极性反向时，输出流量也反向。

电液伺服阀的反馈方式除上述力反馈外还有阀芯位置直接反馈、阀芯位移电反馈、流

120

量反馈、压力反馈（压力伺服阀）等多种形式。电液伺服阀内的某些反馈主要是改善其动态特性，如动压反馈等。

上述电液伺服阀液压部分为二级阀，伺服阀也有单级的和三级的，三级伺服阀主要用于大流量场合。电液伺服阀的输出装置除力矩马达等动铁式外，还有动圈式和压电陶瓷等形式。

3. 电液数字阀

电液数字阀，简称数字阀，是用数字信息直接控制阀口的开启和关闭，从而实现油液压力、流量、方向控制的一种液压控制阀。数字阀可直接与计算机接口相连，不需要 D/A 转换器。与伺服阀及比例阀相比，数字阀结构简单、工艺性好、价格低廉、抗污染能力强、工作稳定可靠、功耗小。在计算机实时控制的电液系统中，已部分取代电液比例阀或电液伺服阀，为计算机在液压领域的应用开辟了一条新的途径。这里仅介绍数字阀的工作原理。

对计算机而言，最普通的信号是量化为两个量级的信号，即开和关。用数字量来控制阀的方法很多，常用的是由脉数调制演变而来的增量控制法以及脉宽调制控制法。

增量控制数字阀采用步进电动输出装置，通过步进电动机，在脉数信号的基础上，使每个采样周期的步数在前一个采样周期步数上增加或减少，以达到需要的幅值，由输出装置输出位移控制液压阀阀口的开启和关闭。图 2-93 为增量式数字阀控制系统的框图。

图 2-93 增量式数字阀控制系统框图

脉宽调制式数字阀通过脉宽调制放大器将连续信号调制为脉冲信号并放大，然后输送给高速开关数字阀，以开启时间的长短来控制阀的开口大小。在需要做两个方向运动的系统中，要用两个高速开关数字阀分别控制不同方向的运动，这种脉宽调制式数字阀控制系统框图如图 2-94 所示。

图 2-95 为步进电动机直接驱动的数字式流量控制阀的结构。当计算机给出脉冲信号后，步进电动机 1 转过一个角度 $\Delta\theta$，作为输出装置的滚珠丝杠 2 将旋转角度 $\Delta\theta$ 转换为轴向位移 Δx 直接驱动节流阀阀芯 3，开启阀口。开在阀套上的节流口有两个，其中右节流口为非圆周通流，左节流口为全圆周通流。阀芯向左移时先开启右节流口，阀开口较小，移动一段距离后左节流口打开，两节流口同时通油液，阀的开口增大。这种节流开口大小

分两段调节的形式，可改善小流量时的调节性能。步进电动机转过一定步数，可控制阀口的一定开口大小，从而实现流量控制。

图2-94　脉宽调制式数字阀控制系统框图

该阀没有反馈功能，但装有零位移传感器6，在每个控制周期结束时，阀芯都可在它的控制下回到零位，使阀具有较高的重复精度。

图2-95　步进电动机直接驱动的数字式流量控制阀的结构

1—步进电动机；2—滚珠丝杠；3—阀芯；4—阀套；5—连杆；6—零位移传感器

任务实施

① 查阅资料，观察实物；

② 分析电液比例阀的特点及应用；

③ 分析数字阀的特点及应用；

④ 分析伺服阀的特点及应用。

任务评价

序　号	能力点	掌握情况	序　号	能力点	掌握情况
1	知识迁移能力		3	计算机操作能力	
2	分析问题能力				

思考与练习

1. 插装阀的工作原理是什么？有哪些类型？
2. 叠加阀的工作原理是什么？其特点是什么？
3. 电液比例阀的工作原理是什么？应用在哪些液压系统中？
4. 电液伺服阀的工作原理是什么？应用在哪些液压系统中？
5. 电液数字阀的工作原理是什么？应用在哪些液压系统中？

任务五　液压辅助元件的认识

任务目标

- 掌握各类液压辅助元件的作用；
- 掌握各类液压辅助元件的结构原理；
- 熟悉各类液压辅助元件的使用方法及适用场合。

不要偷懒，还有好多知识要学！

任务描述

参观液压试验台，拆装油箱、蓄能器、冷却器等液压辅助元件，掌握各类液压辅助元件的结构原理，并熟悉各类液压辅助元件的使用方法及适用场合。

知识与技能

液压辅助元件是保证液压系统正常工作不可缺少的组成部分。常用的液压辅助元件有过滤器、蓄能器、管件、密封件、油箱和热交换器等，除油箱通常需要自行设计外，其余皆为标准件。它在液压系统中虽然只起辅助作用，但它们对系统的性能、效率、温升、噪声和使用寿命的影响不亚于液压元件本身，如果选择或使用不当，不但会直接影响系统的工作性能和使用寿命，甚至会使系统发生故障，因此必须予以足够重视。

1. 油箱

（1）油箱的功用

油箱在液压系统中的功用是储存油液、散发油液中的热量、沉淀污物并逸出油液中的气体。液压系统中的油箱有整体式和分离式两种。整体式油箱利用主机的内腔作为油箱，这种油箱结构紧凑，各处漏油易于回收，但增加了设计和制造的复杂性、维修不便、散热条件不好，且会使主机产生热变形。分离式油箱单独设置，与主机分开，减少了油箱发热和液压源振动对主机工作精度的影响，因此得到了普遍的应用，特别在精密机械上。按油面是否与大气相通，油箱又可分为开式油箱与闭式油箱。开式油箱广泛用于一般的液压系

123

统；闭式油箱则用于水下和高空无稳定气压的场合，这里仅介绍开式油箱。

图 2 – 96 油箱的典型结构示意图

1—吸油管；2—过滤网；3—空气过滤器；4—回油管
5—安装板；6—液位计；7、9—隔板；8—放油阀

（2）油箱的结构

油箱的典型结构示意图如图 2 – 96 所示，油箱内部用隔板 7、9 将吸油管 1 与回油管 4 隔开。顶部、侧部和底部分别装有过滤网 2、液位计 6 和排放污油的放油阀 8。安装液压泵及其驱动电动机的安装板 5 则固定在油箱顶面上。

为了保证油箱的功用，在结构上应注意以下几个方面：

① 便于清洗，油箱底部应有适当斜度，并在最低处设置放油塞，换油时可使油液和污物顺利排出。

② 在易见的油箱侧壁上设置液位计（俗称油标），以指示油位高度。

③ 油箱加油口应安装过滤网，口上应有带通气孔的盖。

④ 吸油管与回油管之间的距离要尽量大些，并采用多块隔板隔开，分成吸油区和回油区，隔板高度约为油面高度的 3/4。

⑤ 吸油管口离油箱底面距离应大于 2 倍油管外径，离油箱箱边距离应大于 3 倍油管外径。吸油管和回油管的管端应切成斜口，回油管的斜口应朝向箱壁。

设计油箱容量必须保证：液压设备停止工作时，系统中的全部油液流回油箱时不会溢出，而且还有一定的预备空间，即油箱液面不超过油箱高度的 80%。液压设备管路系统内允满油液工作时，油箱内应有足够的油量，使液面不致太低，以防止液压泵吸油管处的滤油器吸入空气。通常油箱的有效容量为液压泵额定流量的 2.6 倍。一般随着系统压力的升高，油箱的容量应适当增大。

油箱的有效容量可按下述经验公式确定，即

$$V = mq$$

式中：V——油箱的有效容量；

q——液压泵的流量；

m——经验系数，低压系统：$m = 2 \sim 4$，中压系统：$m = 5 \sim 7$，中高压或高压系统：

$m = 6 \sim 12$。

对功率较大且连续工作的液压系统，必要时还要进行热平衡计算，以此确定油箱容量。

（3）油箱与液压泵的安装

油箱的液压泵和电动机的安装有两种方式：卧式和立式，如图 2 – 97 所示。卧式安装时，液压泵及管接头露在油箱外面，安装和维修较方便；立式安装时，液压泵和管接头均

在油箱内部,便于收集漏油,油箱外形整齐,但维修不方便。

（a）油箱卧式安装示意图　　　　　（b）油箱立式安装示意图

图 2-97　油箱的安装方式

1,13—电动机；2—联轴器；3,15—液压泵；4,16—吸油管；5,14—盖板；6,18—油箱体；7—过滤器；
8—隔板；9,19—回油管；10—加油口；11—控制阀连接板；12—液位计管；17—液位计

2. 油管和管接头

液压系统中将油管、管接头和法兰等通称为管件,其作用是保证油路的连通,并便于拆卸、安装；根据工作压力、安装位置确定管件的连接结构；与泵、阀等连接的管件应由其接口尺寸决定管径。

（1）油管

① 油管的类型与作用：液压传动中,常用的油管有钢管、紫铜管、尼龙管、橡胶软管、耐油塑料管。

a. 钢管：钢管能承受高压、油液不易氧化、价格低廉,但装配弯形较困难。常用的有10 号、16 号冷拔无缝钢管,主要用于中、高压系统中。

b. 紫铜管：紫铜管装配弯形方便且内壁光滑、摩擦力小,但易使油液氧化、耐压力较低、抗震能力差。一般适用于中、低压系统中。

c. 尼龙管：尼龙管弯形方便、价格低廉,但使用寿命较短,可在中、低压系统中部分替代紫铜管。

d. 橡胶软管：橡胶软管由耐油橡胶夹以 1~3 层钢丝编织网或钢丝绕层做成。其特点是装配方便,能减轻液压系统的冲击、吸收振动,但制造困难、价格较贵、使用寿命短。一般用于有相对运动部件间的连接。

e. 耐油塑料管：耐油塑料管价格便宜、装配方便,但耐压力低。一般用于泄油管。

② 油管的安装要求：

a. 油管应尽量短,最好横平竖直,拐弯少,为避免油管皱折,减少压力损失,油管装配的弯曲半径要足够大,油管悬伸较长时要适当设置管夹及支架。

b. 管道尽量避免交叉,平行管距要大于 10 mm,以防止干扰和振动,并便于安装管接头。

c. 软管直线安装时要有一定的余量，以适应油温变化、受拉和振动产生的 – 2% ~ +4% 的长度变化的需要。弯曲半径要大于 10 倍软管外径，弯曲处到管接头的距离至少等于 6 倍外径。

（2）管接头

管接头用于油管和油管、油管和其他液压元件之间的连接。对管接头的主要要求是安装、拆卸方便，抗振动、密封性能好。

目前用于硬管连接的管接头形式主要有扩口式管接头、卡套式管接头和焊接式管接头三种；用于软管连接的管接头形式主要有扣压式。

① 硬管接头：硬管接头连接形式如图 2 – 98 所示，具体特点如下。

扩口式管接头：适用于紫铜管、薄钢管、尼龙管和耐油塑料管等低压油管的连接，拧紧接头螺母，通过管套使油管压紧密封。

卡套式管接头：拧紧接头螺母后，卡套发生弹性变形便将油管夹紧，它对轴向尺寸要求不严，装拆方便，但对连接用油管的尺寸精度要求较高。

焊接式管接头：油管与接头体之间的密封方式有球面、锥面接触密封和平面加 O 形圈密封两种。前者有自位性、安装要求低、耐高温，但密封可靠性稍差，适用于工作压力不高的液压系统；后者密封性好，可用于高压系统。

此外尚有二通、三通、四通、铰接等多种形式的管接头，供不同情况下选用，具体可查阅有关手册。

（a）扩口式　　　　　　　　　　　　　（b）卡套式

（c）焊接式

图 2 – 98　硬管接头的连接形式

1—接头体；2—接管；3—螺母；4—卡套；5—组合密封圈；6—O 形密封圈

② 软管接头：胶管接头随管径和所用胶管钢丝层数的不同，工作压力在 6 ~ 40 MPa 之间，图 2 – 99 为扣压式胶管接头的具体结构。

图 2-99　扣压式胶管接头的具体结构

3. 热交换器

液压系统的工作温度一般希望保持在 30~50 ℃ 的范围之内，最高不超过 65 ℃，最低不低于 15 ℃，如果液压系统靠自然冷却仍不能使油温控制在上述范围内时，就需要安装冷却器；反之，如环境温度太低，无法使液压泵启动或正常运转时就须安装加热器。

（1）冷却器

液压系统中用得较多的冷却器是强制对流式多管头冷却器，如图 2-100 所示，油液从进油口 5 流入，从出油口 3 流出，冷却水从进水口 7 流入，通过多根散热管 6 后由出水口 1 流出，油液在水管外部流动时，它的行进路线因冷却器内设置了隔板 4 而加长，因而增加了散热效果。近来出现一种翅片管式冷却器，水管外面增加了许多横向或纵向散热翅片，大大扩大了散热面积，改善了热交换效果，其散热面积可达散热管的 8~10 倍。

图 2-100　强制对流式多管头冷却器

1—出水口；2—壳体；3—出油口；4—隔板；5—进油口；6—散热管；7—进水口

当液压系统散热量较大时，可使用化工行业中的水冷式板式换热器，它可及时地将油液中的热量散发出去，其参数及使用方法见相应的产品样本。

一般冷却器的最高工作压力在 1.6 MPa 以内，使用时应安装在回油油路或低压油路上，所造成的压力损失一般为 0.01~0.1 MPa。

（2）加热器

液压系统的加热一般采用结构简单、能按需要自动调节最高和最低温度的电加热器，这种加热器的安装方式如图 2-101 所示，它用法兰盘水平安装在油箱侧壁上，发热部分全部浸在油液内，加热器应安装在油液流动处，以利于热量的交换。由于油液是热的不良导体，单个加热器的功率容量不能太大，以免其周围油液的温度过高而发生变质现象。

图2-101　加热器的安装方式

4. 密封装置

密封是解决液压系统泄漏问题最重要、最有效的手段。液压系统如果密封不好，可能出现不允许的外泄漏，外泄漏的油液将会污染环境；还可能使空气进入吸油腔，影响液压泵的工作性能和液压执行元件运动的平稳性（爬行）；泄漏严重时，系统容积效率过低，甚至工作压力达不到要求值。若密封过度，虽可防止泄漏，但会造成密封部分的剧烈磨损，缩短密封件的使用寿命，增大液压元件内的运动摩擦力，降低系统的机械效率。因此，合理地选用和设计密封装置在液压系统的设计中十分重要。

（1）系统对密封装置的要求

① 在一定的工作压力和一定的温度范围内，应具有良好的密封性能，并随着压力的增加能自动提高密封性能。

② 密封装置和运动件之间的摩擦力小，摩擦因数要稳定。

③ 抗腐蚀能力强、不易老化、使用寿命长、耐磨性好、磨损后在一定程度上能自动补偿。

④ 结构简单、使用及维护方便、价格低廉。

（2）常用密封装置的结构特点

密封按其工作原理来分可分为非接触式密封和接触式密封。前者主要指间隙密封，后者主要指密封件密封。

图2-102　间隙密封

① 间隙密封：间隙密封（见图2-102）是靠相对运动件配合面之间的微小间隙来进行密封的，常用于柱塞、活塞或阀的圆柱配合副中，一般在阀芯的外表面开有几条等距离的均压槽，它的主要作用是使径向压力分布均匀，减少液压卡紧力，同时使阀芯在孔中对中性好，以减小间隙的方法来减少泄漏。同时槽所形成的阻力，对减少泄漏也有一定的作用。均压槽一般宽 0.3 ~ 0.5 mm，深为 0.5 ~ 1.0 mm。圆柱面配合间隙与直径大小有关，对于阀芯与阀孔一般取 0.005 ~ 0.017 mm。

这种密封的优点是摩擦力小，缺点是磨损后不能自动补偿，主要用于直径较小的圆柱面之间，如液压泵内的柱塞与缸体之间，滑阀的阀芯与阀孔之间的配合。

② O 形密封圈：O 形密封圈一般用耐油橡胶制成，其横截面呈圆形，它具有良好的密封性能，内外侧和端面都能起密封作用，结构紧凑，运动件的摩擦力小，制造容易，装拆方便，成本低，且高低压均可以用，所以在液压系统中得到广泛的应用。

图 2 – 103 所示为 O 形密封圈的结构。图 2 – 103（a）为其外形图；图 2 – 103（b）为装入密封沟槽的情况，δ_1、δ_2 为 O 形密封圈装配后的预压缩量，通常用压缩率 W 表示，即 $W = [(d_0 - h) / d_0] \times 100\%$，对于固定密封、往复运动密封和回转运动密封，应分别达到 15% ~ 20%、10% ~ 20% 和 5% ~ 10%，才能取得满意的密封效果。当油液压力超过 10 MPa 时，O 形密封圈在往复运动中容易被油液压力挤入间隙而提早损坏［见图 2 – 104（a）］，为此要在它的侧面安放 1.2 ~ 1.5 mm 厚的聚四氟乙烯挡圈，单向受力时在受力侧的对面安放一个挡圈［见图 2 – 104（b）］；双向受力时则在两侧各放一个［见图 2 – 104（c）］。

O 形密封圈的安装沟槽，除矩形外，也有 V 形、燕尾形、半圆形、三角形等，实际应用中可查阅有关手册及国家标准。

(a) 外形图　　　　　(b) 装入密封沟槽的情况

图 2 – 103　O 形密封圈的结构

(a)　　　　　　(b)　　　　　　(c)

图 2 – 104　O 形密封圈的工作情况

③ 唇形密封圈：唇形密封圈根据截面的形状可分为 Y 形、V 形、U 形、L 形等。其工作原理图如图 2 – 105 所示。油液压力将密封圈的两唇边 h 压向形成间隙的两个零件的表面。这种密封作用的特点是能随着工作压力的变化自动调整密封性能，压力越高则唇边被压得越紧，密封性越好；当压力降低时唇边压紧程度也随之降低，从而减少了摩擦力和功

率消耗，此外还能自动补偿唇边的磨损，保持密封性能不降低。

目前，液压缸中普遍使用如图2－106所示的小Y形密封圈作为活塞和活塞杆的密封。其中图2－106（a）为轴用密封圈，图2－106（b）所示为孔用密封圈。这种小Y形密封圈的特点是截面宽度和高度的比值大，增加了底部支承宽度，可以避免摩擦力造成的密封圈的翻转和扭曲。

图2－105　唇形密封圈的工作原理图

（a）轴用密封圈　　（b）孔用密封圈

图2－106　小Y形密封圈

（a）支承环　（b）密封环　（c）压环

图2－107　V形密封圈

在高压和超高压情况下（压力大于25 MPa），会用到V形密封圈，V形密封圈的形状如图2－107所示，它由多层涂胶织物压制而成，通常由压环、密封环和支承环三个圈叠在一起使用，此时已能保证良好的密封性，当压力更高时，可以增加中间密封环的数量，这种密封圈在安装时要预压紧，所以摩擦力较大。

唇形密封圈安装时应使其唇边开口面对压力油，使两唇张开，分别紧贴在机件的表面上。

④组合式密封装置：随着液压技术的应用日益广泛，系统对密封的要求越来越高，普通的密封圈单独使用已不能很好地满足密封性能，特别是使用寿命和可靠性方面的要求，因此研究和开发了包括密封圈在内的两个以上元件组成的组合式密封装置。

图2－108（a）所示的为O形密封圈与截面为矩形的聚四氟乙烯塑料滑环的组合密封装置。其中，滑环紧贴密封面，O形密封圈为滑环提供弹性预压力，在油液压力等于零时构成密封，由于密封间隙靠滑环，而不是O形密封圈，因此摩擦力小而且稳定，可以用于40 MPa的高压；往复运动密封时，速度可达15 m/s；往复摆动与螺旋运动密封时，速度可达5 m/s。

矩形滑环组合密封的缺点是抗侧倾能力稍差，在高低压交变的场合下工作容易漏油。图2－108（b）所示为由支承环和O形密封圈组成的轴用组合密封装置，由于支承环与被密封件之间为线密封，其工作原理类似唇边密封。支承环采用一种经特别处理的化合物制成，具有极佳的耐磨性、低摩擦和保形性，不存在密封圈低速时易产生的爬行现象。工作压力可达80 MPa。

组合式密封装置由于充分发挥了密封圈和滑环（支承环）的长处，因此不仅工作可靠，摩擦力低而稳定，而且使用寿命比普通密封圈提高近百倍，在工程上的应用日益广泛。

⑤ 回转轴的密封装置：回转轴的密封装置形式很多，图 2 - 109 所示为一种耐油橡胶制成的回转轴用密封圈，它的内部有直角形圆环铁骨架支撑着，密封圈的内边围着一条螺旋弹簧，把内边收紧在轴上来进行密封。这种密封圈主要用作液压泵、液压马达和回转式液压缸地伸出轴的密封，以防止油液漏到壳体外部，它的工作压力一般不超过 0.1 MPa，最大允许线速度为 4 ~ 8 m/s，须在有润滑情况下工作。

图 2 - 108　组合式密封装置　　　　图 2 - 109　回转轴用密封圈

（3）密封装置的选用

密封件在选用时必须考虑因素如下：

① 密封的性质，是动密封，还是静密封；是平面密封，还是环行间隙密封。

② 密封是否要求静、动摩擦系数要小，运动是否平稳，同时考虑相对运动耦合面之间的运动速度、工作压力等因素。

③ 工作介质的种类和温度对密封件材质的要求，同时考虑制造和拆装是否方便。

5. 过滤器

（1）过滤器作用与使用要求

油液中往往含有颗粒状杂质，会造成液压元件相对运动表面的磨损、滑阀卡滞、节流孔口堵塞，使系统工作可靠性大为降低。油液的污染是液压系统发生故障的主要原因，控制污染的最主要的措施是使用具有一定过滤精度的过滤器进行过滤。各种液压系统的过滤精度要求见表 2 - 8。

表 2 - 8　各种液压系统的过滤精度要求

系 统 类 别	润 滑 系 统	传 动 系 统			伺 服 系 统
工作压力/MPa	0 ~ 2.5	<14	14 ~ 32	>32	≤21
精度 d/μm	≤100	25 ~ 50	≤25	≤10	≤5

过滤器的过滤精度是指滤芯能够滤除的最小杂质颗粒的大小，以直径 d 作为公称尺寸表示，按精度可分为粗过滤器（$d < 100$ μm）、普通过滤器（$d < 10$ μm）、精过滤器（$d < 5$ μm）、特精过滤器（$d < 1$ μm）。一般对过滤器的基本要求是：

① 能满足液压系统的过滤精度要求，即能阻挡一定尺寸的杂质进入系统；

② 滤芯应有足够强度，不会因压力而损坏；

③ 通流能力大、压力损失小；

④ 易于清洗或更换滤芯。

（2）过滤器的种类和典型结构

按滤芯的材料和结构形式，过滤器可分为网式、线隙式、纸质滤芯式、烧结式过滤器及磁性过滤器等。按过滤器安放的位置不同，还可以分为吸滤器、压滤器和回油过滤器，考虑到泵的自吸性能，吸滤器多为粗过滤器。

① 网式过滤器：图 2-110 所示为网式过滤器，其滤芯以铜网为过滤材料，在周围开有很多孔的塑料或金属筒形骨架上，包着一层或两层铜丝网，其过滤精度取决于铜网层数和网孔的大小。这种过滤器结构简单、通流能力大、清洗方便，但过滤精度低，一般用于液压泵的吸油口。

② 线隙式过滤器：线隙式过滤器如图 2-111 所示，用钢线或铝线密绕在筒形骨架的外部来组成滤芯，依靠铜丝间的微小间隙滤除混入液体中的杂质。其结构简单，通流能力大，过滤精度比网式过滤器高，但不易清洗，多为回油过滤器。

图 2-110　网式过滤器　　　　　　图 2-111　线隙式过滤器

③ 纸质滤芯式过滤器：纸质滤芯式过滤器如图 2-112 所示，其滤芯为平纹或波纹的酚醛树脂或木浆微孔滤纸制成的纸芯，将纸芯围绕在带孔的镀锡铁做成的骨架上，以增大强度。为增加过滤面积，纸芯一般做成折叠形。其过滤精度较高，一般用于油液的精过滤，但堵塞后无法清洗，须经常更换滤芯。

④ 烧结式过滤器：烧结式过滤器如图 2-113 所示，其滤芯用金属粉末烧结而成，利用颗粒间的微孔来挡住油液中的杂质通过。其滤芯能承受高压、抗腐蚀性好、过滤精度高，适用于要求精滤的高压、高温液压系统。

（3）过滤器的选用原则、安装位置及注意的问题

① 选用原则。选用过滤器时，要考虑下列几点：

a. 过滤精度应满足预定要求；

b. 能在较长时间内保持足够的通流能力；

c. 滤芯具有足够的强度，不因油液压力的作用而损坏；

d. 滤芯抗腐蚀性能好，能在规定的温度下持久地工作；

图 2-112　纸质滤芯式过滤器

图 2-113　烧结式过滤器

e. 滤芯清洗或更换简便。

因此，过滤器应根据液压系统的技术要求，按过滤精度、通流能力、工作压力、油液黏度、工作温度等条件选定其型号。

② 安装位置及注意的问题，过滤器在液压系统中的安装位置通常有以下几种，如图 2-114 所示。

图 2-114　滤油器在液压系统中的安装位置

a. 安装在泵的吸油口处：泵的吸油路上一般都安装有表面型滤油器，目的是滤去较大的杂质微粒以保护液压泵，此外过滤器的过滤能力应为泵流量的两倍以上，压力损失小于 0.02 MPa。

b. 安装在系统分支油路上。

c. 安装在泵的出口油路上：此处安装过滤器的目的是用来滤除可能侵入阀类等元件的污染物。其过滤精度应为 10 ~ 15 μm，且能承受油路上的工作压力和冲击压力，压力降应小于 0.35 MPa。同时应安装安全阀以防过滤器堵塞时压力升高。

d. 安装在系统的回油路上：这种安装起间接过滤作用，一般与过滤器并联安装一背压阀，当过滤器堵塞达到一定压力值时，背压阀打开。

e. 单独过滤系统：大型液压系统可专设一液压泵和过滤器组成独立过滤回路。

液压系统中除了整个系统所需的过滤器外，还常常在一些重要元件（如伺服阀、精密节流阀等）的前面单独安装一个专用的精过滤器来确保它们的正常工作。

6. 蓄能器

蓄能器是液压系统中的储能元件，它能储存多余的压力油，并在系统需要时释放。

（1）蓄能器的作用

蓄能器的作用是将液压系统中的压力油储存起来，在需要时又重新放出，其主要作用表现在以下几个方面。

① 辅助动力源：在间歇工作或实现周期性动作循环的液压系统中，蓄能器可以把液压泵输出的多余压力油储存起来。当系统需要时，由蓄能器释放出来。这样可以减少液压泵的额定流量，从而减小电动机功率消耗，降低液压系统温升。

② 系统保压或紧急动力源：对于执行元件长时间不动作，而要保持恒定压力的系统，可用蓄能器来补偿泄漏，从而使压力恒定。对某些系统要求当泵发生故障或停电时，执行元件应继续完成必要的动作，这时需要有适当容量的蓄能器作为紧急动力源。

③ 吸收系统脉动，缓和液压冲击：蓄能器能吸收系统压力突变时的冲击，如液压泵突然启动或停止；液压阀突然关闭或开启；液压缸突然运动或停止；也能吸收液压泵工作时的流量脉动所引起的压力脉动，相当于油路中的平滑滤波，这时需在泵的出口处并联一个反应灵敏而惯性小的蓄能器。

（2）蓄能器的结构

图 2 - 115 所示为蓄能器的结构形式，通常有重力式、弹簧式和充气式等几种。目前常用的是利用气体压缩和膨胀来储存、释放液压能的充气式蓄能器。

① 重力式蓄能器：重力式蓄能器如图 2 - 115 中 1 所示，主要用于冶金等大型液压系统的恒压供油，其缺点是反应慢、结构庞大，现在已很少使用。

② 弹簧式蓄能器：弹簧式蓄能器如图 2 - 115 中 2 所示，利用弹簧的压缩和伸长来储存、释放液压能，它的结构简单、反应灵敏，但容量小，可用于小容量、低压回路起缓冲作用，不适用于高压或高频的工作场合。

③ 充气式蓄能器：充气式蓄能器如图 2 - 115 中 3、4、5 所示，利用活塞、薄膜或者皮囊将气体和液体隔开，利用气体的压力能来储存、释放液体的压力能。使用时首先向蓄能器充入预定压力的气体，当油路中压力超过蓄能器内部液压时，油液压缩气体，将油液

中的液压能转化为气体内能；当系统压力低于蓄能器内部压力时，蓄能器中的油液在高压气体的作用下流向外部系统，释放能量。

图2-115 蓄能器的结构形式

1—重力蓄能器；2—弹簧式蓄能器；3，4，5—充气式蓄能器

容量是选用蓄能器的依据，其大小视用途而异，其参数计算请参考相关资料。

（3）蓄能器的安装、使用与维护

蓄能器的安装、使用与维护应注意的事项如下：

① 蓄能器作为一种压力容器，选用时必须采用有完善质量体系保证并取得有关部门认可的产品。

② 选择蓄能器时必须考虑与液压系统工作介质的相容性。

③ 皮囊式蓄能器应垂直安装，油口向下，否则会影响皮囊的正常收缩。

④ 蓄能器用于吸收液压冲击和压力脉动时，应尽可能安装在振动源附近；用于补偿泄漏，使执行元件保压时，应尽量靠近该执行元件。

⑤ 安装在油路中的蓄能器必须用支架或支承板加以固定。

⑥ 蓄能器与油路之间应安装截止阀，以便于充气检修；蓄能器与液压泵之间应安装单向阀，以防止液压泵停止工作或卸载时，蓄能器内的油液倒流回液压泵。

任务实施

① 液压辅助元件的认识：观摩液压试验台，认识并熟悉常用液压辅助元件。

② 管接头的认识：观察管接头结构，了解管接头作用。

③ 冷却器的认识：观察冷却器结构，了解冷却器作用。

④ 油箱的拆卸：拆卸下油箱上盖连接螺钉，观察内部结构，了解油箱的作用。

⑤ 蓄能器拆卸：拆卸调节螺钉，取下上盖，观察内部结构，了解油箱的作用。

⑥ 独立设计简单回路，验证辅助元件功能。

任 务 评 价

序　号	能力点	掌握情况	序　号	能力点	掌握情况
1	安全操作		3	辅助元件结构	
2	辅助元件认识		4	功能验证	

思考与练习

1. 简述油箱的功用及设计时应注意的问题。

2. 简述各种油管的特点及使用场合。

3. 试列举液压系统中过滤器的安装位置及其各自的作用。

4. 液压系统对密封装置有哪些要求？有哪些常用的密封装置？如何选用？

5. 简述蓄能器在液压系统中的功用？蓄能器在安装使用中应注意哪些问题？

6. 有一台压力机，工作行程 $h = 120$ mm，活塞以 $v = 60$ mm/s 的速度运动，负载 $F = 150$ kN，系统最高压力由溢流阀调定为 $p_2 = 20$ MPa。系统克服负载时的工作压力为 $p_1 = 13$ MPa。蓄能器充气压力 $p_0 = 10$ MPa，充油为等温过程，排油为绝热过程。

试求：① 系统压力不低于 13 MPa 时，蓄能器的总容积；

　　　② 不采用蓄能器时，选用泵排量应为多少。

7. 某液压系统中，泵出口压力最大为 7 MPa，流量 25 L/min。

试求：① 泵的进、出油管内径；

　　　② 选用油管的材料和壁厚。

项目三

液压基本回路及典型应用

任何一个液压系统，无论它所要完成的动作有多么复杂，总是由一些基本回路组成的。所谓基本回路，就是由一些液压元件组成，用来完成特定功能的油路结构。熟悉和掌握这些基本回路的组成、工作原理及应用，是分析、设计和使用液压系统的基础。

任务一　液压基本回路分析与组建

液压系统按照油液的循环方式可分为开式系统和闭式系统。常见的液压系统大多为开式系统。开式系统的特点是液压泵从油箱吸油，经控制阀进入执行元件，执行元件的回油再经控制阀流回油箱，油液在油箱中冷却、分离空气和沉淀杂质后再进入工作循环。开式系统结构简单，但因油箱内的油液直接与空气接触，空气易进入系统，导致系统运行时产生一些不良后果。闭式系统的特点是液压泵输出的压力油直接进入执行元件，执行元件的回油直接与液压泵的吸油管相连。在闭式系统中，由于油液基本上都在闭合回路内循环，油液温升较高，但所用的油箱容积小、系统结构紧凑。闭式系统的结构较复杂、成本较高，通常适用于功率较大的液压系统。

再接再厉，掌握常用的基本回路。

子任务一　压力控制回路分析与组建

任务目标

- 掌握调压回路的调压原理及其分类；
- 掌握减压回路的减压原理；
- 掌握增压回路的增压方法及其增压原理；
- 掌握常见卸荷回路的卸荷方式；
- 了解平衡回路的工作原理；
- 了解常见保压回路的保压方式。

任务描述

分别组装各类调压回路、减压回路、增压回路、卸荷回路、平衡回路及保压回路，掌握其压力控制原理、回路性能特点及应用，并了解各压力控制回路常见的故障现象及排除方法。

知识与技能

压力控制回路是用压力阀来控制和调节液压系统主油路或某一支路的压力，以满足执行元件所需的力或力矩要求的回路。利用压力控制回路可实现对系统进行调压、减压、增压、卸荷、保压以及维持工作机构平衡等多种控制。

1. 调压回路

当液压系统工作时，液压泵应向系统提供所需压力的油液，同时又要节省能源，减少油液发热，提高执行元件运动的平稳性，所以应设置调压或限压回路。当液压泵一直工作在系统的调定压力时，就要通过溢流阀调节并稳定液压泵的工作压力。在变量泵系统中或旁路节流调速系统中用溢流阀（当安全阀用）限制系统的最高允许压力。当系统在不同的工作时间内需要有不同的工作压力时，可采用二级或多级调压回路。

图 3 – 1　单级调压回路
1—液压泵；2—溢流阀

（1）单级调压回路

如图 3 – 1 所示，通过液压泵 1 和溢流阀 2 的并联连接，即可组成单级调压回路。通过调节溢流阀的调定压力，可以改变泵的输出压力。当溢流阀的调定压力确定后，液压泵就在溢流阀的调定压力下工作。从而实现了对液压系统进行调压和稳压控制。如果将液压泵 1 改换为变量泵，这时溢流阀将作为安全阀来使用，液压泵的工作压力低于溢流阀的调定压力，这时溢流阀不工作，当系统出现故障，液压泵的工作压力上升时，一旦压力达到溢流阀的调定压力，溢流阀将开启，并将液压泵的工作压力限制在溢流阀的调定压力下，使液压系统不致因压力过载而受到破坏，从而保护了液压系统。

（2）二级调压回路

图 3 – 2 所示为二级调压回路，该回路可实现两种不同的系统压力控制。由先导型溢流阀 2 和直动型溢流阀 4 各调一级，当二位二通电磁阀 3 处于图 3 – 2 所示位置时，系统压力由先导型溢流阀 2 调定，当二位二通电磁阀 3 得电后处于右位时，系统压力由直动型溢

流阀4调定，但要注意：直动型溢流阀4的调定压力一定要小于先导型溢流阀2的调定压力，否则不能实现二级调压；当系统压力由直动型溢流阀4调定时，先导型溢流阀2的先导阀口关闭，但主阀开启，液压泵的溢流油液经主阀回油箱，这时直动型溢流阀4亦处于工作状态，并有油液通过。应当指出：若将二位二通电磁阀3与直动型溢流阀4对换位置，则仍可进行二级调压，并且在二级压力转换点上获得更为稳定的压力转换。

（3）多级调压回路

图3-3所示为三级调压回路，三级压力分别由先导型溢流阀1、直动型溢流阀2、3调定，当电磁铁1YA、2YA失电时，系统压力由先导型溢流阀调定。当1YA得电时，系统压力由直动型溢流阀2调定。当2YA得电时，系统压力由直动型溢流阀3调定。在这种调压回路中，直动型溢流阀2和直动型溢流阀3的调定压力要低于主溢流阀的调定压力，而直动型溢流阀2和直动型溢流阀3的调定压力之间没有一定的大小关系。当直动型溢流阀2或直动型溢流阀3工作时，直动型溢流阀2或直动型溢流阀3相当于先导型溢流阀1上的另一个先导阀。

图3-2 二级调压回路

1—单向定量泵；2—先导型溢流阀；
3—二位二通电磁换向阀；4—直动型溢流阀

图3-3 三级调压回路

1—先导型溢流阀；2、3—直动型溢流阀

动画 ●

二级调压回路

动画 ●

三级调压回路

2. 减压回路

当泵的输出压力是高压而局部回路或支路要求低压时，可以采用减压回路，如机床液压系统中的定位、夹紧、分度以及液压元件的控制油路等，它们往往要求比主油路低的压力。减压回路较为简单，一般是在所需低压的支路上串联减压阀。采用减压回路虽能方便地获得某支路稳定的低压，但压力油经减压阀口时要产生压力损失。

最常见的减压回路为定值减压阀与主油路相连，如图3-4（a）所示。回路中的单向阀在主油路压力降低（低于减压阀调定压力）时防止油液倒流，起短时保压作用，减压回路中也可以采用类似二级或多级调压的方法获得二级或多级减压。图3-4（b）所示为利用先导型减压阀1的远控口接一远控溢流阀2，则可由减压阀1、远控溢流阀2各调得一低压。但要注意，阀2的调定压力值一定要低于减压阀1的调定减压值。

为了使减压回路工作可靠，减压阀的最低调定压力不应小于0.5 MPa，最高调定压力至少应比系统压力小0.5 MPa。当减压回路中的执行元件需要调速时，调速元件应放在减压阀的后面，以避免减压阀泄漏（指由减压阀泄油口流回油箱的油液）对执行元件的速度产生影响。

减压回路

图 3-4　减压回路

1—减压阀；2—远控溢流阀

3. 增压回路

如果系统或系统的某一支油路需要压力较高但流量又不大的压力油时，采用高压泵不经济，常采用增压回路，这样不仅易于选择液压泵，而且系统工作较可靠、噪声小。增压回路中提高压力的主要元件是增压缸或增压器。

（1）单作用增压缸的增压回路

单作用增压缸的增压回路

图 3-5（a）所示为利用单作用增压缸的增压回路，当系统在图示位置工作时，系统的供油压力 p_1 进入增压缸的大活塞腔，此时在小活塞腔即可得到所需的较高压力 p_2；当二位四通电磁换向阀右位接入系统时，活塞返回，辅助油箱中的油液经单向阀补入小活塞。因而该回路只能间歇增压，所以称为单作用增压回路。

（2）双作用增压缸的增压回路

双作用增压缸的增压回路

图 3-5（b）所示的采用双作用增压缸的增压回路，能连续输出高压油，在图示位置，液压泵输出的压力油经二位四通换向阀 5 和单向阀 1 进入增压缸左端大、小活塞腔，右端大活塞腔的回油通油箱，右端小活塞腔增压后的高压油经单向阀 4 输出，此时单向阀 2、3 被关闭。当增压缸活塞移到右端时，换向阀得电换向，增压缸活塞向左移动。同理，左端小活塞腔输出的高压油经单向阀 3 输出，这样增压缸的活塞不断往复运动，两端便交替输出高压油，从而实现了连续增压。

图 3-5　增压回路

1、2、3、4—单向阀；5—二位四通换向阀

4. 卸荷回路

在液压系统工作中，有时执行元件短时间停止工作，不需要液压系统传递能量，或者执行元件在某段工作时间内保持一定的力，而运动速度极慢，甚至停止运动。在这种情况下，不需要液压泵输出油液，或只需要很小流量的油液，于是液压泵输出的压力油全部或绝大部分从溢流阀流回油箱，造成能量的无谓消耗，引起油液发热，使油液加快变质，而且还影响液压系统的性能及泵的使用寿命。为此，需要采用卸荷回路。卸荷回路的功用是在电动机驱动液压泵不频繁启闭的情况下，使液压泵在功率损耗接在近于零的情况下运转，以减少功率损耗，降低系统发热，延长泵和电动机的使用寿命。因为液压泵的输出功率为其流量和压力的乘积，所以两者任一近似为零，功率损耗即近似为零。因此液压泵的卸荷有流量卸荷和压力卸荷两种，前者主要是使用变量泵，使变量泵仅为补偿泄漏而以最小流量运转，此方法比较简单，但泵仍处在高压状态下运行，磨损比较严重。压力卸荷的方法是使泵在接近零压下运转。常见的压力卸荷方式有以下两种：

① 换向阀卸荷回路。M、H 和 K 型中位机能的三位换向阀处于中位时，液压泵即卸荷，图 3-6 所示为采用 M 型中位机能的电液换向阀的卸荷回路，这种回路切换时压力冲击小，但回路中必须设置单向阀，以使系统能保持 0.3 MPa 左右的压力，供操纵控制油路所用。

② 用先导型溢流阀远程控制口的卸荷回路。如图 3-2 中若去掉直动型溢流阀 4，使二位二通电磁阀直接接油箱，便构成一种用先导型溢流阀的卸荷回路，如图 3-7 所示，这种卸荷回路卸荷压力小，切换时冲击也小。

图 3-6　M 型中位机能
电液换向阀的卸荷回路

图 3-7　先导型溢流阀远控口卸荷回路

1—单向定量泵；2—先导型溢流阀；
3—二位二通电磁换向阀

动画

电磁溢流回路

5. 平衡回路

平衡回路的功用在于防止垂直或倾斜放置的液压缸和与之相连的工作机构因自重而自行下落。图 3-8（a）所示为采用单向顺序阀的平衡回路，当 1YA 得电后活塞下行时，回油路上就存在着一定的背压；只要将这个背压调得能支撑住活塞和与之相连的工作机构自重，活塞就可以平稳地下落。当换向阀处于中位时，活塞就停止运动，不再继续下移。这种回路当活塞向下快速运动时功率损失大，锁住时活塞和与之相连的工作机构会因单向顺序阀和换向阀的泄漏而缓慢下落，因此它只适用于工作机构质量不大、活塞锁住时定位要求不高的场合。图3-8（b）所示为采用液控顺序阀的平衡回路。当活塞下行时，控制压力油打开液控顺序阀，背压消失，因而回路效率较高；当停止工作时，液控顺序阀关闭以防止活塞和工作机构因自重而下降。这种平衡回路的优点是只有上腔进油时活塞才下行，比较安全可靠；缺点是活塞下行时平稳性较差。这是因为活塞下行时，液压缸上腔油液压力降低，将使液控顺序阀关闭。当液控顺序阀关闭时，因活塞停止下行，使液压缸上腔油液压力升高，又打开液控顺序阀。因此液控顺序阀始终工作于启闭的过渡状态，因而影响工作的平稳性。这种回路适用于工作机构质量不很大、停留时间较短的液压系统中。

照片

平衡回路

（a）采用单向顺序阀的平衡回路　　　　（b）采用液控顺序阀的平衡回路

图3-8　采用顺序阀的平衡回路

6. 保压回路

在液压系统中，有时要求液压执行元件在一定的行程位置上停止运动或在有微小的位移的情况下稳定地维持住一定的压力，这就要采用保压回路。最简单的保压回路是密封性能较好的液控单向阀的回路，但是阀类元件的泄漏使得这种回路的保压时间不能维持太久。常用的保压回路有以下几种：

（1）利用液压泵的保压回路

利用液压泵的保压回路也就是在保压过程中，液压泵仍以较高的压力（保压所需压力）工作，此时，若采用定量泵则压力油几乎全经溢流阀流回油箱，系统功率损失大、易发热，故只在小功率的系统且保压时间较短的场合下才使用；若采用变量泵，在保压时泵的压力较高，但输出流量几乎等于零，因而液压系统的功率损失小，这种保压方法能随泄漏量的变化而自动调整输出流量，因而其效率也较高。

（2）利用蓄能器的保压回路

如图3-9（a）所示的回路，当主换向阀在左位工作时，液压缸向前运动且压紧工件，进油路压力升高至调定值，压力继电器动作使二位二通阀得电，泵即卸荷，单向阀自动关闭，液压缸则由蓄能器保压。缸压力不足时，压力继电器复位使泵重新工作。保压时间的长短取决于蓄能器容量，调节压力继电器的调压范围即可调节缸中压力的最大值和最

142

小值。图3-9（b）所示为多缸系统中的保压回路，这种回路当主油路压力降低时，单向阀3关闭，支路由蓄能器保压补偿泄漏，压力继电器5的作用是当支路压力达到预定值时发出信号，使主油路开始动作。

（a）

（b）

图3-9　利用蓄能器的保压回路

1—液压泵；2—先导型溢流阀；3—单向阀；4—蓄能器；5—压力继电器

（3）自动补油保压回路

图3-10所示为采用液控单向阀和电接触式压力表的自动补油式保压回路，其工作原理：当1YA得电，换向阀右位接入回路，液压缸上腔压力上升至电接触式压力表的上限值时，上触点得电，使电磁铁1YA失电，换向阀处于中位，液压泵卸荷，液压缸由液控单向阀保压。当液压缸上腔压力下降到预定下限值时，电接触式压力表又发出信号，使1YA得电，液压泵再次向系统供油，使压力上升。当压力达到预定上限值时，上触点

图3-10　自动补油式保压回路

又发出信号，使1YA失电。因此，这一回路能自动地使液压缸补充压力油，使其压力长期保持在一定范围内。

任务实施

组装各类压力控制回路，验证其工作原理，了解其性能特点，学习常见故障的诊断及排除方法。

① 选择组装回路所需要的元器件；

② 在实验台上布置好各元器件的大体位置；

来操作一下，试试它们的作用吧！

③ 按图样组装压力控制回路，并检查其可靠性；

④ 接通主油路，将泵的压油口连接溢流阀的进油口，将溢流阀的回油口接油箱；

⑤ 让溢流阀全开，启动泵，再将溢流阀的开口大小逐渐减小，调试回路，观察油液压力的变化及回路的动作；

⑥ 验证结束，拆装回路，清理元器件及试验台。

任务评价

序 号	能力点	掌握情况	序 号	能力点	掌握情况
1	安全操作		3	功能验证	
2	压力控制回路的组装		4	故障诊断	

思考与练习

1. 调压回路有哪几种类型？在实训室连接各种调压回路并实现调压功能。

2. 有些液压系统为什么要有保压回路？它应满足哪些基本要求？连接一种利用蓄能器的保压回路并实现保压功能。

3. 在液压系统中为什么设置背压回路？背压回路与平衡回路有何区别？

4. 在液压系统中，当工作机构停止工作以后，使泵卸荷有什么好处？有哪些卸荷方法？

5. 为什么说单作用增压缸的增压倍数等于增压缸大小两腔有效工作面积之比？

子任务二　速度控制回路分析与组建

任务目标

- 掌握节流调速回路的调速原理及其分类；
- 掌握容积调速回路的调速原理及其分类；
- 掌握容积节流调速回路的调速原理及其分类；
- 掌握常见快速运动回路的工作原理及其分类；
- 掌握常见速度换接回路的工作原理及其分类；
- 了解节流调速回路的速度负载特性及功率特性；
- 了解容积调速回路的速度负载特性及功率特性；
- 了解容积节流调速回路的速度负载特性及功率特性；
- 了解调速回路的选择依据。

任务描述

分别组装各类节流调速回路、容积调速回路、容积节流调速回路、快速运动回路及速度换接回路，掌握其速度控制原理、回路性能特点及应用，并了解各速度控制回路常见的故障现象及排除方法。

知识与技能

速度控制回路是研究液压系统的速度调节和变换问题的回路，常用的速度控制回路有调速回路、快速运动回路、速度换接回路等。

1. 调速回路

调速回路的基本原理：从液压马达的工作原理可知，液压马达的转速 n_m 由输入流量和液压马达的排量 V_m 决定，即 $n_m = q/V_m$，液压缸的运动速度 v 由输入流量和液压缸的有效工作面积 A 决定，即 $v = q/A$。

通过上面的关系可知，要想调节液压马达的转速 n_m 或液压缸的运动速度 v，可通过改变输入流量 q、改变液压马达的排量 V_m 和改变缸的有效作用面积 A 等方法来实现。由于液压缸的有效工作面积 A 是定值，只有改变输入流量 q 的大小来调速，来改变输入流量 q，可以通过采用流量阀或变量泵来实现。改变液压马达的排量 V_m，可通过采用变量液压马达来实现，因此调速回路主要有以下三种方式：

（1）节流调速回路

节流调速原理：节流调速是通过调节流量阀的通流截面面积的大小来改变进入执行元件的流量，从而实现运动速度的调节。

如图 3 – 11 所示，如果调速回路里只有节流阀，则液压泵输出的油液全部经节流阀流入液压缸。改变节流阀节流口通流截面面积的大小，只能改变油液流经节流阀速度的大小，而总的流量不会改变，在这种情况下节流阀不能起调节流量的作用，液压缸的运动速度不会改变。因此，若要改变进入执行元件的流量，需在系统中增加溢流阀。

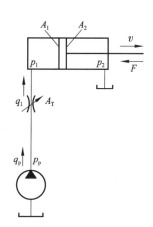

图 3 – 11　只有节流阀的调速回路

① 采用节流阀的调速回路。

a. 进油节流调速回路：进油节流调速回路是将节流阀装在执行元件的进油路上，用来控制进入执行元件的流量达到调速的目的，其调速原理图如图 3 – 12（a）所示。其中定量泵多余的油液通过溢流阀流回油箱，这是进油节流调速回路工作的必要条件，因此溢流阀的调定压力与泵的出口压力 p_p 相等。

速度负载特性：当不考虑回路中各处的泄漏和油液的压缩时，活塞运动速度为

$$v = \frac{q_1}{A_1} \tag{3-1}$$

活塞受力方程为

$$p_1 A_1 = p_2 A_2 + F \tag{3-2}$$

式中：F——负载；

A_1——液压缸无杆腔活塞面积；

A_2——液压缸有杆腔活塞面积；

P_1——液压缸进油腔压力；

p_2——液压缸回油腔压力，当回油腔通油箱时，$p_2 \approx 0$

于是
$$p_1 = \frac{F}{A_1}$$

进油路上通过节流阀的流量方程为

$$q_1 = CA_T (\Delta p_T)^m$$

$$q_1 = CA_T (p_p - p_1)^m = CA_T \left(p_p - \frac{F}{A_1}\right)^m \tag{3-3}$$

于是
$$v = \frac{q_1}{A_1} = \frac{CA_T}{A_1^{(1+m)}}(p_p A_1 - F)^m \tag{3-4}$$

式中：C——与油液种类等等有关的系数；

A_T——节流阀的节流口通流截面面积；

Δp_T——节流阀前后的压力差，$\Delta p_T = p_p - p_1$；

m——节流阀的指数；当薄壁孔口时，$m = 0.5$。

式（3-4）为进油节流调速回路的速度负载特性方程，它描述了执行元件的速度 v 与负载 F 之间的关系。如以 v 为纵坐标，F 为横坐标，将式（3-4）按不同节流阀通流截面面积 A_T 作图，可得一组抛物线，称为进油节流调速回路的速度负载特性曲线，如图 3-12（b）所示。

由式（3-4）和图 3-12（b）可以看出，其他条件不变时，活塞的运动速度 v 与节流阀通流截面面积 A_T 成正比，调节 A_T 就能实现无级调速。这种回路的调速范围较大（速度比最高可达 100）。当节流阀通流截面面积 A_T 一定时，活塞运动速度 v 随着负载 F 的增加按抛物线规律下降。但不论节流阀通流截面面积如何变化，当 $F = p_p A_1$ 时，节流阀两端压力差为零，没有油液通过节流阀，活塞也就停止运动，此时液压泵的全部流量经溢流阀流回油箱。该回路的最大承载能力即为 $F_{max} = p_p A_1$。

功率特性：调速回路的功率特性是以其自身的功率损失（不包括液压缸、液压泵和管路中的功率损失）、功率损失分配情况和效率来表达的。在图 3-12（a）中，液压泵输出

功率即为该回路的输入功率，即

$$P_p = p_p q_p$$

液压缸输出的有效功率为

$$P_1 = Fv = F \frac{q_1}{A_1} = p_1 q$$

回路的功率损失为

$$\begin{aligned}
\Delta P &= P_p - P_1 = p_p q_p - p_1 q_1 \\
&= p_p(q_1 + \Delta q) - (p_p - \Delta p_T) q_1 \\
&= p_p \Delta q + \Delta p_T q_1
\end{aligned} \quad (3-5)$$

式中：Δq——溢流阀的溢流量，$\Delta q = q_p - q_1$。

由式（3-5）可知，进油节流调速回路的功率损失由两部分组成：溢流功率损失 $\Delta P_1 = p_p \Delta q$ 和节流功率损失 $\Delta P_2 = \Delta p_T q_1$，其功率特性如图 3-12（c）所示。

（a）进油节流调速原理图　　　（b）速度负载特性　　　（c）功率特性

图 3-12　进油节流调速回路

回路的输出功率与回路的输入功率之比定义为回路效率。进油节流调速回路的回路效率为

$$\eta = \frac{P_p - \Delta P}{P_p} = \frac{p_1 q_1}{p_p q_p} \quad (3-6)$$

由于回路存在两部分功率损失，因此进油节流调速回路效率较低。当负载恒定或变化很小时，回路效率可达 0.2 ~ 0.6；当负载发生变化时，回路的最大效率为 0.385。

b. 回油节流调速回路：回油节流调速回路将节流阀串联在液压缸的回油路上，借助于节流阀控制液压缸的排量 q_2 来实现速度调节。与进油节流调速一样，定量泵多余的油液经溢流阀流回油箱，即溢流阀保持溢流，泵的出口压力即溢流阀的调定压力保持基本恒定，其调速原理图如图 3-13（a）所示。

采用同样的分析方法可以得到与进油路节流调速回路相似的速度负载特性

$$v = \frac{CA_T}{A_2^{(1+m)}}(p_p A_1 - F)^m \tag{3-7}$$

其最大承载能力和功率特性与进油路节流调速回路相似，如图3-13（c）所示。

（a）进油节流调速原理图　　（b）速度负载特性　　（c）功率特性

图3-13　回油节流调速回路

虽然进油和回油节流调速回路的速度负载特性公式形式相似，功率特性相似，但它们在以下几方面的性能有明显差别，在选用时应加以注意。

承受负值负载的能力：所谓负值负载就是作用力的方向与执行元件的运动方向相同的负载。回油节流调速的节流阀在液压缸的回油腔能形成一定的背压，能承受一定的负值负载；对于进油节流调速回路，要使其能承受负值负载就必须在执行元件的回油路上加上背压阀。这必然会导致功率消耗增加，油液发热量增大。

运动平稳性：回油节流调速回路由于回油路上存在背压，可以有效地防止空气从回油路吸入，因而低速运动时不易爬行；高速运动时不易振动，即运动平稳性好。进油节流调速回路在不加背压阀时不具备这种特点。

油液发热对回路的影响：进油节流调速回路中，通过节流阀产生的节流功率损失转变为热量，一部分由元件散发出去，另一部分使油液温度升高，直接进入液压缸，会使缸的内外泄漏增加，速度稳定性不好，而回油节流调速回路油液经节流阀温升后，直接回油箱，经冷却后再入系统，对系统泄漏影响较小。

实现压力控制的方便性：进油节流调速回路中，进油腔的压力随负载而变化，当工作机构碰到止挡块而停止后，其压力将升到溢流阀的调定压力，可以很方便地利用这一压力变化来实现压力控制；但在回油节流调速回路中，只有回油腔的压力才会随负载变化，当工作机构碰到止挡块后，其压力将降至零，虽然同样可以利用该压力变化来实现压力控制，但其可靠性差，一般不采用。

启动性能：回油节流调速回路中若停止工作时间较长，液压缸回油腔的油液会泄漏回油箱，重新启动时背压不能立即建立，会引起瞬间工作机构的前冲现象，对于进油节流调速回路，只要在启动设备时关小节流阀即可避免启动冲击。

综上所述，进油、回油节流调速回路结构简单、价格低廉，但效率较低，只宜用在负载变化不大、低速、小功率场合，如某些机床的进给系统中。

c. 旁路节流调速回路：把节流阀装在与液压缸并联的支路上，利用节流阀把液压泵供油的一部分排回油箱实现速度调节的回路，称为旁路节流调速回路。如图 3 – 14 （a）所示，在这个回路中，由于溢流功能由节流阀来完成，故正常工作时，溢流阀处于关闭状态，溢流阀作为安全阀用，其调定压力为最大负载压力的 1.1 ~ 1.2 倍，液压泵的供油压力 p_p 取决于负载。

速度负载特性：考虑到泵的工作压力随负载变化，泵的输出流量 q_p 应计入泵随压力的变化产生的泄漏量 Δq_p，采用与前述相同的分析方法可得速度表达式为

$$v = \frac{q_1}{A_1} = \frac{q_{pt} - \Delta q_p - \Delta q}{A_1} = \frac{q_{pt} - k\left(\frac{F}{A_1}\right) - CA_T\left(\frac{F}{A_1}\right)^m}{A_1} \qquad (3-8)$$

式中：q_{pt}——泵的理论流量；

k——泵的泄漏系数，其余符号意义同前。

根据式（3-8），选取不同的 A_T 值可得到一组速度负载特性曲线，如图 3 – 14 （b）所示，由图可知当 A_T 一定而负载增加时，速度显著下降，即特性很软；但当 A_T 一定时，负载越大，速度刚度越大；当负载一定时，A_T 越小，速度刚度越大，因而旁路节流调速回路适用于高速重载的场合。

同时由图 3 – 14 （b）可知回路的最大承载能力随节流阀通流截面面积 A_T 的增加而减小。当达到最大负载时，泵的全部流量经节流阀流回油箱，液压缸的速度为零，继续增大 A_T 已不起调速作用，故该回路在低速时承载能力低，调速范围小。

（a）回路简图　　　　（b）速度负载特性

图 3 – 14　旁路节流调速回路

功率特性：回路的输入功率

$$P_p = p_1 q_p$$

回路的输出功率

$$P_1 = Fv = p_1 A_1 v = p_1 q_1$$

回路的功率损失

$$\Delta P = P_p - P_1 = p_1 q_p - p_1 q_1 = p_1 \Delta q \tag{3-9}$$

回路效率

$$\eta = \frac{P_1}{P_p} = \frac{p_1 q_1}{p_1 q_p} = \frac{q_1}{q_p} \tag{3-10}$$

由式（3-9）和式（3-10）看出，旁路节流调速回路只有节流功率损失，而无溢流功率损失，因而功率损失比前两种调速回路小、效率高。这种调速回路一般用于功率较大且对速度稳定性要求不高的场合。

② 采用调速阀、溢流阀的节流调速回路。

采用节流阀的节流调速回路速度刚度差，主要是由于负载变化引起节流阀前后的压力差变化，从而使通过节流阀的流量发生变化。对于一些负载变化较大，对速度稳定性要求较高的液压系统这种调速回路远不能满足要求，可采用调速阀来改善回路的速度负载特性。

a. 采用调速阀的节流调速回路：用调速阀代替前述各回路中的节流阀，也可组成进油、回油和旁路节流调速回路，如图3-15(a)(b)(c)所示。

图 3-15 采用调速阀、溢流节流阀的调速回路

采用调速阀组成的节流调速回路，速度刚度比节流阀调速回路好得多。对进、回油路节流调速回路，因液压泵泄漏的影响，速度刚度稍差，但仍比节流阀调速回路好得多。旁油路也有泵输出压力随负载变化，效率较高的特点。图3-16所示为调速阀节流调速的速度负载特性曲线，显然速度刚度、承载能力均比节流阀调速回路好得多。在采用调速阀的调速回路中为了保证调速阀中定差减压阀起到压力补偿作用，调速阀两端的压力差必须大于一定的数值，中低压调速阀为0.5 MPa，高压调速阀为1 MPa，否则其负载特性与节流阀调速回路没有区别。同时由于调速阀的最小压力差比节流阀的压力差大，因此采用调速阀的节流调速回路的功率损失比采用节流阀节流调速回路要大一些。

综上所述，采用调速阀的节流调速回路的低速稳定性、速度刚度、调速范围等，要比

采用节流阀的节流调速回路都好，所以它在机床液压系统中获得广泛的应用。

b. 采用溢流节流阀的节流调速回路：如图 3 – 15 (d) 所示，溢流节流阀只能用于进油节流调速回路中，液压泵的供油压力随负载而变化，回路的功率损失较小，效率较采用调速阀时高。溢流节流阀的流量稳定性较调速阀差，在小流量时更加显著，因此不宜用在对低速稳定性要求高的精密机床调速系统中。调速阀节流调速的速度负载特性曲线如图 3 – 16 所示。

图 3 – 16 调速阀节流调速的
速度负载特性曲线

（2）容积调速回路

容积调速回路是通过改变回路中液压泵或液压马达的排量来实现调速的。其主要优点是功率损失小（没有溢流功率损失和节流功率损失）且其工作压力随负载变化而变化，所以效率高、油液的温度低，适用于高速、大功率系统。

按油路循环方式不同，容积调速回路有开式回路和闭式回路两种。开式回路中泵从油箱吸油，执行元件的回油直接回到油箱，油箱容积大，油液能得到较充分冷却，但空气和脏物易进入回路。闭式回路中，液压泵将油输出进入执行元件的进油腔，又从执行元件的回油腔吸油。闭式回路结构紧凑，只需很小的补油油箱，但冷却条件差。为了补偿工作中油液的泄漏，一般需补油泵，补油泵的流量为主泵流量的 10% ~ 15%。压力调节为 $3 \times 10^5 \sim 10 \times 10^5$ Pa。容积调速回路通常有三种基本形式：定量泵和变量马达容积调速回路；变量泵和定量马达（缸）容积调速回路；变量泵和变量马达容积调速回路。

① 定量泵和变量马达容积调速回路：定量泵和变量马达容积调速回路如图 3 – 17 所示。图 3 – 17 (a) 所示为开式回路：由定量泵 1、变量马达 2、溢流阀 3、三位四通手动换向阀 4 组成；图 3 – 17 (b) 所示为闭式回路：由定量泵 5、变量马达 6，溢流阀 7 和 8、辅助泵等组成。该回路是由调节变量马达排量 V_m 来实现调速。

在这种回路中，液压泵转速 n_p 和排量 V_p 都是定值，改变液压马达排量 V_m 时，马达输出转矩的变化与 V_m 成正比，输出转速 n_m 则与 V_m 成反比。马达的输出功率 P_m 和回路的工作压力 p 都由负载功率决定，不因调速而发生变化，所以这种回路称为恒功率调速回路。回路的工作特性曲线如图 3 – 17 (c) 所示，该回路的优点是能在各种转速下保持输出功率不变，其缺点是调速范围小。同时该调速回路如果用变量马达来换向，在换向的瞬间要经过 "高转速—零转速—反向高转速" 的突变过程，所以不宜用变量马达来实现平稳换向。

综上所述，定量泵变量马达容积调速回路，由于不能用调节马达的排量来实现平稳换向，调速范围比较小，因而较少单独应用。

② 变量泵和定量马达（缸）容积调速回路：这种调速回路可由变量泵与液压缸或变量泵与定量液压马达组成。其回路原理图如图 3 – 18 所示，图 3 – 18 (a) 所示为开式回路；图 3 – 18 (b) 所示为闭式回路。

(a) 开式回路　　　　　　　　(b) 闭式回路　　　　　(c) 工作特性曲线

图 3-17　定量泵和变量马达容积调速回路

1、5、9—定量泵；2、6—变量马达；3、7、8—溢流阀；4—三位四通手动换向阀

　　其工作原理是：图 3-18 (a) 中液压缸 5 活塞的运动速度 v 由变量泵 1 调节，2 为溢流阀，4 为二位四通手动换向阀，6 为背压阀。图 3-18 (b) 所示为采用变量泵 9 来调节定量液压马达 11 的转速，溢流阀 10 用来防止过载，低压辅助泵 7 用来补油，其补油压力由低压溢流阀 12 口来调节，同时置换部分已发热的油液，降低系统温升。

　　当不考虑回路的容积效率时，执行元件的转速 n_m 或排量 V_m 与变量泵的排量 V_b 的关系为，$n_m = n_b V_b / V_m$ 或 $v_m = n_b V_b / A$，因马达的排量 V_m 和缸的有效工作面积 A 是不变的，当变量泵的转速 n_b 不变，则马达的转速 n_m（或活塞的运动速度 v）与变量泵的排量成正比，工作特性曲线是一条通过坐标原点的直线，如图 3-18 (c) 中虚线所示。实际上回路的泄漏是不可避免的，在一定负载下，需要一定流量才能启动和带动负载。所以其实际的 n_m 或 V_m 与 V_b 的关系如实线所示。这种回路在低速下承载能力差，速度不稳定。

(a) 开式回路　　　　　　　　(b) 闭式回路　　　　　(c) 闭式回路的工作特性曲线

图 3-18　变量泵和定量马达（缸）容积调速回路

1—变量泵；2、10、12—溢流阀；3、8—单向阀；4—二位四通手动换向阀；5—液压缸；
6—溢流阀（背压阀）；7—定量泵（辅助泵）；9—变量泵；11—定量马达；12—低压溢流阀口

　　当不考虑回路的损失时，液压马达的输出转矩 T_m（或缸的输出推力 F）为 $T_m = V_m \Delta p / 2\pi$ 或 $F = A (p_p - p_0)$。它表明当泵的输出压力 p_p 和吸油路（即马达或缸的出油路）压力 p_0 不变，马达的输出转矩 T_m 或缸的输出推力 F 理论上是恒定的，与变量泵的排量无关，故

该回路的调速方式又称恒转矩调速。但实际上由于泄漏和机械摩擦等的影响，会存在一个"死区"，如图 3-18（c）所示。马达或缸的输出功率随变量泵的排量的增减而线性地增减。

这种回路的调速范围，主要决定于排量泵的变量范围，其次是受回路的泄漏和负载的影响。这种回路的速度比一般在 40 左右。

综上所述，变量泵和定量执行元件所组成的容积调速回路为恒转矩输出，可正反向实现无级调速，调速范围较大。适用于调速范围较大，要求恒转矩输出的场合，如大型机床的主运动或进给系统中。

③ 变量泵和变量马达容积调速回路：这种调速回路是上述两种调速回路的组合，其调速特性也具有两者的特点。

图 3-19（a）为双向变量泵和双向变量马达组成的容积调速回路的工作原理图。回路中各元件对称布置，改变泵的供油方向，就可实现马达的正反向旋转，单向阀 4 和 5 用于辅助泵 3 双向补油，单向阀 6 和 7 使溢流阀 8 在两个方向上都能对回路起过载保护作用。一般机械要求低速时输出转矩大，高速时能输出较大的功率，这种回路恰好可以满足这一要求。在低速段，先将马达排量调到最大，用变量泵调速，当泵的排量由小调到最大，马达转速随之升高，输出功率随之线性增加，此时因马达排量最大，马达能获得最大输出转矩，且处于恒转矩状态；高速段，泵为最大排量，用变量马达调速，将马达排量由大调小，马达转速继续升高，输出转矩随之降低，此时因泵处于最大输出功率状态，故马达处于恒功率状态。

这样，就可使马达的换向平稳，且第一阶段为恒转矩调速，第二阶段为恒功率调速。调速回路工作特性曲线如图 3-19（b）所示。这种容积调速回路的调速范围是变量泵调节范围和变量马达调节范围之积，所以其调速范围大（速度比可达 100），并且有较高的效率，它适用于大功率的场合，如矿山机械、起重机械以及大型机床的主运动液压系统。

（a）工作原理图 （b）调速回路工作特性曲线

图 3-19 双向变量泵和双向变量马达组成的容积调速回路

1—双向变量泵；2—双向变量马达；3—辅助泵；4、5、6、7—单向阀；8、9—溢流阀

（3）容积节流调速回路

容积节流调速回路的基本工作原理是采用压力补偿式变量泵供油、调速阀（或节流

阀）调节进入液压缸的流量来调节液压缸的运动速度，并使泵的输出流量自动地与液压缸所需流量相适应。

常用的容积节流调速回路有以下两种：

① 限压式容积节流调速回路：图3－20所示为限压式变量泵与调速阀组成的限压式容积节流调速回路工作原理图和调速特性曲线。在图示位置，液压缸4的活塞快速向右运动，变量泵1按快速运动要求调节其输出流量，同时调节限压式变量泵的压力调节螺钉，使泵的限定压力大于液压缸4的活塞快速运动所需压力 [图3－20（b）中$A'B$] 段，泵输出的压力油经调速阀3进入液压缸4，其回油经背压阀5回油箱。调节调速阀3的流量q_1就可调节活塞的运动速度v，由于$q_1 < q_P$，压力油迫使泵的出口与调速阀进口之间的油压变高，即泵的供油液压力升高，泵的流量便自动减小到$q_P \approx q_1$为止。

这种调速回路的运动稳定性、速度负载特性、承载能力和调速范围均与采用调速阀的节流调速回路相同。图3－20（b）所示为其调速特性曲线，由图可知，此回路只有节流功率损失而无溢流功率损失。

（a）工作原理图 （b）调速特性曲线

图3－20　限压式容积节流调速回路

1—变量泵；2—溢流阀；3—调速阀；4—液压缸；5—背压阀

当不考虑回路中泵和油路的泄漏损失时，回路效率为

$$\eta_c = \frac{q_1\left(p_1 - p_2\dfrac{A_2}{A_1}\right)}{q_1 p_p} = \frac{\left(p_1 - p_2\dfrac{A_2}{A_1}\right)}{p_p}$$

上式表明，泵的输油压力p_p调得低一些，回路效率就可高一些，但为了保证调速阀的正常工作压力差，泵的压力应比负载压力p_1至少大0.5 MPa。当此回路用于死挡铁停留、压力继电器发信号实现快退时，泵的压力还应调高些，以保证压力继电器可靠发信号，故此时的实际调速特性曲线如图3－20（b）中$A'B'C'$所示。此外，当p_c不变时，负载越小，p_1便越小，回路效率越低。

综上所述，限压式变量泵与调速阀等组成的容积节流调速回路，具有效率较高、调速较稳定、结构较简单等优点。目前已广泛应用于负载变化不大的中、小功率组合机床的液压系统中。

② 差压式容积节流调速回路：图 3 - 21 所示为差压式变量泵和节流阀组成的容积节流调速回路。该回路采用差压式变量泵供油，通过节流阀来调节进入液压缸或流出液压缸的流量，不但使差压式变量泵输出的流量与液压缸所需要的流量相适应，而且液压泵的工作压力能自动跟随负载压力变化。

图 3 - 21　差压式变量泵容积节流调速回路

1—柱塞；2—节流阀；3—溢流阀

如图 3 - 21 所示的节流阀安装在液压缸的进油路上，节流阀两端的压力差反馈作用在差压式变量泵的两个控制柱塞上，其中柱塞 1 的面积 A_1 等于活塞杆面积 A_2。由力的平衡关系，变量泵定子的偏心距 e 的大小受节流阀的两端的压力差的控制，从而控制差压式变量泵的流量。调节节流阀的开口大小，就可以调节进入液压缸的流量 q_1，并使泵的输出流量 q_p 自动与 q_1 相适应。

该回路效率比前述限压式容积节流调速回路高，适用于调速范围大、速度较低的中小功率液压系统，常用在某些组合机床的进给系统中。

（4）调速回路的比较和选用

① 调速回路的比较，如表 3 - 1 所示。

表 3 - 1　调速回路的比较

主要性能	回路类型	节流调速回路				容积调速回路	容积节流调速回路	
		用节流阀		用调速阀			限压式	差压式
		进回油	旁路	进回油	旁路			
机械特性	速度稳定性	较差	差	好		较好	好	
	承载能力	较好	较差	好		较好	好	
调速范围		较大	小	较大		大	较大	
功率特性	效率	低	较高	低	较高	最高	较高	高
	发热	大	较小	大	较小	最小	较小	小
适用范围		小功率、轻载的中低压系统				大功率、重载高速的中高压系统	中小功率的中压系统	

② 调速回路的选用：调速回路选用时应主要考虑以下问题。

a. 执行元件的负载性质、运动速度、速度稳定性等要求：负载小，且工作中负载变化也小的系统可采用节流阀节流调速回路；在工作中负载变化较大且要求低速稳定性好的系统，宜采用调速阀的节流调速回路或容积节流调速；负载大、运动速度高、油的温升要求小的系统，宜采用容积调速回路。

一般来说，功率在 3 kW 以下的液压系统宜采用节流调速回路；功率在 3~5 kW 范围内宜采用容积节流调速回路；功率在 5 kW 以上的宜采用容积调速回路。

b. 工作环境要求：处于温度较高的环境下工作，且要求整个液压装置体积小、质量小的情况，宜采用闭式回路的容积调速回路。

c. 经济性要求：节流调速回路的成本低，功率损失大，效率也低；容积调速回路因变量泵、变量马达的结构较复杂，所以价格高，但其效率高、功率损失小；而容积节流调速回路则介于两者之间。所以需综合分析选用哪种回路。

2. 快速运动回路

快速运动回路又称增速回路，其功能在于使液压执行元件获得所需的高速，以提高系统的工作效率或充分利用功率。实现快速运动视方法不同有多种方案，下面介绍几种常用的快速运动回路。

(1) 采用差动连接的快速运动回路

这是在不增加液压泵输出流量的情况下，来提高工作机构运动速度的一种快速运动回路，其实质是改变了液压缸的有效工作面积。

图 3-22 所示为用于快、慢速转换的差动连接快速运动回路。当三位四通电磁换向阀 3 左端的电磁铁得电时，电磁换向阀 3 左位连入系统，此时，液压缸右腔的油液经电磁换向阀 3 左位、二位二通机动换向阀 5 下位（此时外控顺序阀 7 关闭）连同液压泵输出的压力油进入液压缸 4 的左腔，实现差动连接，使活塞快速向右运动。当快速运动结束，工作机构上的挡铁压下二位二通机动换向阀 5 时，泵的压力升高，顺序阀 7 打开，液压缸 4 右腔的回油只能经调速阀 6 流回油箱，这时是工作进给。当电磁换向阀 3 右端的电磁铁得电时，活塞向左快速退回（非差动连接）。采用差动连接的快速运动回路操作方法简单、较经济，但快、慢速度的换接不够平稳。必须注意，差动油路的换向阀和油管应按差动时的流量选择，不然流动阻力过大，会使液压泵的部分油液从溢流阀流回油箱，速度减慢，甚至不起差动作用。

(2) 采用双泵供油的快速运动回路

这种回路是利用低压大流量泵和高压小流量泵并联的系统供油，回路如图 3-23 所示。图中 1 为高压小流量泵，用以实现工作进给运动。2 为低压大流量泵，用以实现快速运动。在快速运动时，低压大流量泵 2 输出的油液经单向阀 4 和高压小流量泵 1 输出的油液共同向系统供油。在工作进给时，系统压力升高，打开液控顺序阀（卸荷阀）3 使低压大流量泵 2 卸荷，此时单向阀 4 关闭，由高压小流量泵 1 单独向系统供油。溢流阀 5 控制液压泵 1 的供油压力是根据系统所需最大工作压力来调节的，而顺序阀 3 使低压大流量泵 2 在快速运动时供油，在工作进给时则卸荷，因此它的调定压力应比快速运动时系统所需的压力要高，但比溢流阀 5 的调定压力低。

图 3-22 采用差动连接的快速运动回路

1—液压泵；2—溢流阀；3—三位四通电磁换向阀；

4—液压缸；5—二位二通机动换向阀；

6—调速阀；7—顺序阀

图 3-23 采用双泵供油的快速运动回路

1—高压小流量泵；2—低压大流量泵；

3—顺序阀；4—单向阀；5—溢流阀

　　双泵供油快速运动回路功率利用合理、效率高，并且速度换接较平稳，在快、慢速度相差较大的机床中应用很广泛，缺点是要用一个双联泵，油路系统也较复杂。

　　（3）采用增速缸的快速运动回路

　　图 3-24 所示为采用增速缸的快速运动回路。增速缸是一种复合缸，由活塞缸和柱塞缸复合而成。当手动换向阀的左位接入系统，压力油经柱塞孔进入增速缸小腔 1，推动活塞快速向右移动，增速缸大腔 2 所需油液由充液阀 3 从油箱吸取，活塞缸右腔的油液经换向阀流回油箱。当执行元件接触工作机构负载增加时，系统压力升高，顺序阀 4 开启，充液阀 3 关闭，高压油进入增速缸大腔 2，活塞转换成慢速前进，推力增大。换向阀右位接入时，压力油进入活塞缸右腔，打开充液阀 3，增速缸大腔 2 的回油流回油箱。该回路调速范围大、效率高，但液压缸结构复杂，常用于液压压力机中。

　　（4）采用蓄能器的快速运动回路

　　采用蓄能器的快速运动回路，是在执行元件不动或需要较少的压力油时，将其多余的压力油储存在蓄能器中，需要快速运动时再释放出来。该回路的关键在于压力油储存和释放的控制方式。图 3-25 所示为采用蓄能器的快速运动回路，用于液压缸间歇式工作。

液压与气动技术

图 3-24　采用增速缸的快速运动回路

1—增速缸小腔；2—增速缸大腔；3—充液阀；4—顺序阀

图 3-25　采用蓄能器的快速运动回路

1—卸荷阀；2—溢流阀；3—换向阀；4—蓄能器

当液压缸不动时，换向阀 3 中位将液压泵与液压缸断开，液压泵经单向阀给蓄能器 4 供油。当蓄能器 4 压力达到卸荷阀 1 的调定压力，卸荷阀 1 开启，液压泵卸荷。当需要液压缸工作进给时，换向阀 3 换向，溢流阀 2 关闭后，蓄能器 4 和泵一起给液压缸供油，实现快速运动。该回路可减小液压装置功率，实现高速运动。

3. 速度换接回路

速度换接回路用来实现运动速度的变换，即在原来设计或调节好的几种运动速度中，从一种速度换成另一种速度。对这种回路的要求是速度换接要平稳，即不允许在速度变换的过程中有前冲（速度突然增加）现象。下面介绍几种回路的换接方法及特点。

图 3-26　单向行程阀的速度换接回路

1—液压泵；2—换向阀；3—液压缸；4—行程阀；
5—单向阀；6—节流阀；7—溢流阀

●动画

用行程阀的速度换接回路

（1）采用行程阀（电磁阀）的速度换接回路

图 3-26 所示为采用单向行程阀的速度换接回路。在图示位置液压缸 3 右腔的回油可经行程阀 4 和换向阀 2 流回油箱，使活塞快速向右运动。当快速运动到达所需位置时，活塞上挡块压下行程阀 4，将其油路关闭，这时液压缸 3 右腔的回油就必须经过节流阀 6 流回油箱，活塞的运动转换为工作进给运动（简称工进）。当操纵换向阀 2 换向后，压力油可经换向阀 2 和单向阀 5 进入液压缸 3 右腔，使活塞快速向左退回。

在这种速度换接回路中，因为行程阀的油路是由液压缸活塞的行程控制阀芯移动而逐渐关闭的，所以换接时的位置精度高、冲击小、运动速度的变换也比较平稳。这种回路在机床液压系统中应用较多，它的缺点是行程阀的安装位置受一定限制，所以有时管件连接较复杂。行程阀也可以用电磁换向阀来代替，这时电磁阀的安装位置不受限制，但其换接精度及速度变换的平稳性较差。

（2）采用调速阀（节流阀）串并联的速度换接回路

对于某些自动机床、注塑机等，需要在自动工作循环中变换两种以上的工作进给速度，这时需要采用两种或多种工作进给速度的换接回路。

图 3-27 所示为采用两个调速阀并联的速度换接回路。在图 3-27（a）中，液压泵输出的压力油经调速阀 3 和电磁阀 5 进入液压缸。当需要第二种工作进给速度时，电磁阀 5 得电，其右位接入回路，液压泵输出的压力油经调速阀 4 和电磁阀 5 进入液压缸。这种回路中两个调速阀的节流口通流截面面积，可以单独调节，互不影响，即第一种工作进给速度和第二种工作进给速度互相没有什么限制。但一个调速阀工作时，另一个调速阀中没有油液通过，它的减压阀则处于完全打开的位置，在速度换接开始的瞬间不能起减压作用，容易出现工作机构突然前冲的现象。

图 3-27（b）所示为另一种调速阀并联的速度换接回路。在这个回路中，两个调速阀始终处于工作状态，在由一种工作进给速度转换为另一种工作进给速度时，不会出现工作机构突然前冲现象，因而工作可靠。但是液压系统在工作中总有一定量的油液通过不起调速作用的那个调速阀流回油箱，造成能量损失，使系统发热。

图 3-27 采用两个调速阀并联的速度换接回路

1—液压泵；2—溢流阀；3、4—调速阀；5—电磁阀

动画 ●·········

调速阀并联的
速度换接回路

●·········

图 3-28 所示为采用两个调速阀串联的速度换接回路。图中液压泵输出的压力油经调速阀 3 和电磁阀 5 进入液压缸，这时的流量由调速阀 3 控制。当需要第二种工作进给速度时，电磁阀 5 得电，其右位接入回路，则液压泵输出的压力油先经调速阀 3，再经调速阀 4 进入液压缸，这时的流量应由调速阀 4 控制，所以这种回路中调速阀 4 的节流口通流截面面积应调得比调速阀 3 小，否则调速阀 4 将不起速度换接作用。这种回路在工作时调速阀 3 一直工作，它限制着进入液压缸或调速阀 4 的流量，因此在速度换接时不会使液压缸产生前冲现象，换接平稳性较好。在调速阀 4 工作时，油液需经两个调速阀，故能量损失较大。系统发热也较大，但却比图 3-27（b）所示的回路要小。

（3）采用液压马达串并联的速度换接回路

采用液压马达串并联的速度换接回路如图 3-29 所示。图 3-29（a）所示为液压马达并联回路，双向定量马达 1、2 的主轴刚性连接在一起，二位四通手动换向阀 3 左位时，压力油只驱动双向定量马达 1，双向定量马达 2 空转；二位四通手动换向阀 3 在右位时双向定量马达 1、2 并联。若双向定量马达 1、2 的排量相等，并联时进入每个马达的流量减少一半，转速相应降低一半，而转矩增加一倍。图 3-29（b）所示为液压马达串并联回路。用二位四通换向阀使两马达串联或并联来使系统实现速度换接。二位四通换向阀的上位接入回路时，两马达并联，为低速，输出转矩大；当下位接入回路，两马达串联，为高速，输出转矩小。

图 3-28 采用两个调速阀串联的速度换接回路

1—液压泵；2—溢流阀；
3、4—调速阀；5—电磁阀

（a）液压马达并联回路　　（b）液压马达串并联回路

图 3-29 采用液压马达串并联的速度换接回路

1、2—双向定量马达；3、4—二位四通手动换向阀采用液压马达串并联的速度换接回路主要用于由液压驱动的行走机械中，可根据路况需要提供两档速度，在平地行驶时为高速，上坡时输出转矩增加，转速降低。

任务实施

我来试试！

组装各类速度控制回路，验证其工作原理，了解其性能特点，学习常见故障的诊断及排除方法。

a. 选择组装回路所需要元器件：泵（定量、变量）、缸、节流阀、溢流阀及其他元器件。

b. 在实验台上布置好各元器件的大体位置。

c. 按图样组装速度控制回路，并检查其可靠性。

d. 接通主油路，将泵的压油口与节流阀的进油口连起来，再将节流阀的出油口连缸的左腔，缸的右腔连油箱。将泵的压油口连溢流阀的进油口，将溢流阀的回油口连回油箱。

e. 让溢流阀全开，启动泵，再将溢流阀的开度逐渐减小，调试回路，观察液压缸活塞的速度变化。如果活塞不动，要检查管子是否接好，压力油是否送到位。

f. 验证结束，拆卸回路，清理元器件及试验台。

任务评价

序　号	能力点	掌握情况	序　号	能力点	掌握情况
1	安全操作		3	功能验证	
2	速度控制回路的组装		4	故障诊断	

思考与练习

1. 如何调节执行元件的速度？常见的调速方法有哪些？

2. 在实训室连接各种节流调速、容积调速、容积节流调速回路并分析各自的特点，说明它们分别应用在什么场合？

3. 如何判断节流调速回路是否处于正常工作状态？

4. 容积节流调速回路的流量阀和变量泵之间是如何实现流量匹配的？

5. 泵－马达式容积调速回路能否做成开式回路？试与闭式回路做比较。

6. 在液压系统中为什么要设置快速运动回路？执行元件实现快速运动的方法有哪些？

子任务三　方向控制回路分析与组建

任务目标

- 掌握换向回路的换向方法及其换向原理；
- 掌握锁紧回路的锁紧原理。

方向控制回路是怎样工作的？

任务描述

分别组装换向回路、锁紧回路，掌握其方向控制原理、回路性能特点及应用，并了解各回路常见的故障现象及排除方法。

知识与技能

在液压系统中，起控制执行元件的启动、停止及换向作用的回路称为方向控制回路。方向控制回路有换向回路和锁紧回路。

1. 换向回路

（1）采用换向阀的换向回路

执行元件的换向，一般可采用各种换向阀来实现。在容积调速的闭式回路中，也可以利用双向变量泵控制液流的方向来实现液压缸（或液压马达）的换向。

依靠重力或弹簧力返回的单作用液压缸，可以采用二位三通换向阀进行换向，如图 3－30 所示。双作用液压缸的换向，一般都可采用二位四通（或五通）及三位四通（或五通）换向阀来进行，按不同用途还可选用各种不同控制方式的换向回路。

电磁换向阀的换向回路应用最为广泛，尤其在自动化程度要求较高的组合机床液压系统中被普遍采用，这种换向回路曾多次出现于上述回路中，这里不再赘述。对于流量较大和换向平稳性要求较高的场合，电磁换向阀的换向回路已不能适应上述要求，往往采用手动换向阀或机动换向阀作为先导阀，而以液动换向阀作为主阀的换向回路，或者采用电液动换向阀的换向回路。

图 3－31 所示为手动换向阀（先导阀）控制液动换向阀的换向回路。回路中用辅助泵 2 提供低压控制油液，通过手动换向阀 3（三位四通换向阀）来控制液动换向阀 4 的阀芯移动，实现主油路的换向，当油路换向阀 3 在右位时，控制油液进入液动换向阀 4 的左端，右端的油液经换向阀回油箱，使液动换向阀 4 左位接入油路，活塞下移。当手动换向阀 3 切换至左位时，即控制油使液动换向阀 4 换向，活塞向上退回。当手动换向阀 3 中位时，液动换向阀 4 两端的控制油液通油箱，在弹簧力的作用下，使阀芯回复到中位，主泵 1 卸荷。这种换向回路常用于大型压力机上。

图3-30　采用二位三通换向阀的
单作用液压缸换向的回路

图3-31　手动换向阀控制液动换向阀的换向回路
1—主泵；2—辅助泵；3—手动换向阀；4—液动换向阀

在液动换向阀的换向回路或电液动换向阀的换向回路中，控制油液除了用辅助泵供给外，在一般的系统中也可以把控制油路直接接入主油路。但是，当主阀采用 M 型或 H 型中位机能时，必须在回路中设置背压阀，保证控制油液有一定的压力，以控制换向阀阀芯的移动。

在机床夹具、油压机和起重机等不需要自动换向的场合，常常采用手动换向阀来进行换向。

（2）采用双向变量泵的换向回路

采用双向变量泵的换向回路如图3-32所示，常用于闭式回路中，采用变更供油方向的方式来实现液压缸或液压马达换向。图中若双向变量泵 1 吸油腔供油不足时，可由补油泵 2 通过单向阀 3 来补充；双向变量泵 1 吸油腔多余的油液可通过液压缸 5 进油腔压力控制的二位二通换向阀 4 和溢流阀 6 流回油箱。

溢流阀 6 和 8 的作用是使液压缸活塞向右或向左运动时泵的吸油腔有一定的吸入压力，改善泵的吸油性能，同时能使活塞运动平稳。溢流阀 7 为防止系统过载的安全阀。

2. 锁紧回路

为了使工作机构能在任意位置上停留，以及在停止工作时防止在受力的情况下发生移动，可以采用锁紧回路。

采用 O 型或 M 型机能的三位换向阀，当阀芯处于中位时，液压缸的进、出口都被封闭，可以将活塞锁紧，这种锁紧回路由于受到滑阀泄漏的影响，锁紧效果较差。

图3-33所示为采用液控单向阀的锁紧回路。在液压缸的进、回油路中都串联液控单向阀（又称液压锁），活塞可以在行程的任何位置锁紧。其锁紧精度只受液压缸内少量的内泄漏影响，因此，锁紧精度较高。采用液控单向阀的锁紧回路，换向阀的中位机能应使液控单向阀的控制油液卸压（换向阀采用 H 型或 Y 型机能），此时液控单向阀便立即关闭，活塞停止运动。假如采用 O 型机能，在换向阀中位时，由于液控单向阀的控制腔压力油被封死而不能使液控单向阀立即关闭，直至由换向阀的内泄漏使液控单向阀控制腔卸压

后，液控单向阀才能关闭，影响其锁紧精度。

图3-32　采用双向变量泵的换向回路

1—双向变量泵；2—补油泵；3—单向阀；

4—二位二通换向阀；5—液压缸；6、7、8—溢流阀

图3-33　采用液控单向阀的锁紧回路

1、2—液控单向阀

动画

锁紧回路

任务实施

看看行不行？

组装各类方向控制回路，验证其工作原理，了解其性能特点，学习常见故障的诊断及排除方法。

① 选择组装回路所需要的元器件：泵、缸、换向阀、溢流阀及其他元器件。

② 在实验台上布置好各元器件的大体位置。

③ 按图样组装系统回路，并检查其可靠性。

④ 接通主油路，将泵的压油口与换向阀的进油口连起来，再将换向阀的一个工作口连接缸的左腔，另一个工作口连接缸的右腔。将泵的压油口连接溢流阀的进油口，将溢流阀的回油口接油箱。

⑤ 让溢流阀全开，启动泵，再将溢流阀的开口大小逐渐减小，调试回路，如果液压缸活塞不动，要检查油管是否接好，压力油是否送到位。

⑥ 验证结束，拆卸回路，清理元器件及试验台。

任务评价

序　号	能力点	掌握情况	序　号	能力点	掌握情况
1	安全操作		3	功能验证	
2	方向控制回路的组装		4	故障诊断	

思考与练习

1. 不同控制方式的换向阀组合的换向回路各有什么特点？
2. 锁紧回路中三位换向阀的中位机能是否可以任意选择？为什么？

子任务四 多缸动作回路分析与组建

任务目标

多个缸的动作怎么控制呢？

- 掌握换向回路的换向方法及其换向原理；
- 掌握顺序动作回路的控制方式及其工作原理；
- 掌握同步回路的控制方式及其工作原理；
- 掌握多缸快慢互不干涉回路的工作原理。

任务描述

分别组装各类顺序动作回路、同步回路及多缸快慢互不干扰回路，掌握其多缸运动控制回路工作原理、性能特点及应用，并了解各回路常见的故障现象及排除方法。

知识与技能

1. 顺序动作回路

在多缸液压系统中，执行元件往往需要按照一定的顺序运动。例如，自动车床中刀架的纵横向运动，夹紧机构的定位和夹紧等。

顺序动作回路按其控制方式不同，可分为压力控制、行程控制和时间控制三类，其中前两类应用较为广泛。

（1）压力控制的顺序动作回路

压力控制就是利用油路本身的压力变化来控制液压缸的先后动作顺序，它主要利用压力继电器和顺序阀来控制顺序动作。

① 压力继电器控制的顺序动作回路：图 3-34 所示为压力继电器控制的顺序动作回路，用于机床的夹紧、进给系统，要求的动作顺序：先将工件夹紧，然后动力滑台进行切削加工，动作循环开始时，二位四通电磁阀处于图 3-34 所示位置，液压泵输出的压力油进入夹紧缸的右腔，左腔回油，活塞向左移动，将工件夹紧。夹紧后，液压缸右腔的压力升高，当油液压力超过压力继电器的调定值时，压力继电器发出信号，指令电磁阀的电磁

铁 2DT、4DT 通电，动力滑台进给缸动作（其动作原理详见速度换接回路）。油路中要求先夹紧、后进给，工件没有夹紧则不能进给，这一严格的顺序是由压力继电器保证的。压力继电器的调定压力应比减压阀的调定压力低 $3 \times 10^5 \sim 5 \times 10^5$ Pa。

② 顺序阀控制的顺序动作回路：图 3-35 所示为顺序阀控制的顺序动作回路。其中右边单向顺序阀控制两液压缸前进时的先后顺序，左边单向顺序阀控制两液压缸后退时的先后顺序。当电磁换向阀左位工作时，压力油进入液压缸 1 的左腔，右腔经单向顺序阀中的单向阀回油，此时由于压力较低，右边顺序阀关闭，液压缸 1 的活塞先向右移动。当液压缸 1 的活塞的运动至终点时，油压升高，达到右边单向顺序阀的调定压力时，顺序阀开启，压力油进入液压缸 2 的左腔，右腔直接回油，液压缸 2 的活塞向右移动。当液压缸 2 的活塞达到终点后，电磁换向阀断电复位。如果此时电磁换向阀右位工作，压力油进入液压缸 2 的右腔，左腔经右边单向顺序阀中的单向阀回油，使液压缸 2 的活塞向左返回，到达终点时，油液压力升高打开左边单向顺序阀，使液压缸 1 的活塞返回。

图 3-34　压力继电器控制的顺序动作回路

图 3-35　顺序阀控制的顺序动作回路

1、2—液压缸

这种顺序动作回路的可靠性，在很大程度上取决于顺序阀的性能及其压力调定值。顺序阀的调定压力应比先动作的液压缸的工作压力高 $8 \times 10^5 \sim 10 \times 10^5$ Pa，以免在系统压力波动时，发生误动作。

（2）行程控制的顺序动作回路

行程控制顺序动作回路是利用工作机构到达一定位置时，发出信号来控制液压缸的先后动作顺序，它可以利用行程开关、行程阀或顺序缸来实现。

图 3-36 所示为电气行程开关控制的顺序动作回路。其动作顺序是：按启动按钮，电磁铁 1DT 通电，液压缸 1 活塞右行；当挡铁触动行程开关 2XK，使 2DT 得电，液压

缸 2 活塞右行；液压缸 2 活塞右行至行
程终点，触动 3XK，使 1DT 失电，液压
缸 1 活塞左行；而后触动 1XK，使 2DT
失电，液压缸 2 活塞左行。至此完成了
液压缸 1、液压缸 2 的全部顺序动作的
自动循环。采用电气行程开关控制的顺
序回路，调整行程大小和改变动作顺序
较为方便，且可利用电气互锁使动作顺
序可靠。

图 3-36 电气行程开关控制的顺序动作回路

1、2—液压缸

2. 同步回路

使两个或两个以上的液压缸活塞在运动中保持相同位移或相同速度的回路称为同步回
路。在一泵多缸的系统中，尽管液压缸的有效工作面积相等，但是由于运动中所受负载不
均衡，摩擦力不相等，泄漏量不同以及制造上的误差等，不能使液压缸同步动作。同步回
路的作用就是为了克服这些影响，补偿它们在流量上所造成的变化。

（1）串联液压缸的同步回路

图 3-37 所示为串联液压缸的同步回路。图中液压缸 1 回油腔排出的油液，被送入液
压缸 2 的进油腔。如果串联油腔活塞的有效工作面积相等，便可实现同步运动。这种回路
两缸能承受不同的负载，但泵的供油压力要大于两缸工作压力之和。

由于泄漏和制造误差，影响了串联液压缸的同步精度，当活塞往复多次后，会产生严
重的失调现象，为此要采取补偿措施。图 3-38 所示为采用补偿措施的串联液压缸同步回
路。为了达到同步运动，液压缸 1 有杆腔 A 的有效工作面积应与液压缸 2 无杆腔 B 的有效
工作面积相等。在活塞下行的过程中，如液压缸 1 的活塞先运动到底，触动行程开关 1XK
发信号，使电磁铁 1DT 得电，此时压力油便经过二位三通电磁阀 3、液控单向阀 5 向液压
缸 2 的 B 腔补油，使液压缸 2 的活塞继续运动到底。如果液压缸 2 的活塞先运动到底，触
动行程开关 2XK，使电磁铁 2DT 得电，此时压力油便经二位三通电磁阀 4 进入液控单向阀
的进油口，液控单向阀 5 反向导通，使液压缸 1 能通过液控单向阀 5 和二位三通电磁阀 3
回油，使液压缸 1 的活塞继续运动到底，对失调现象进行补偿。

（2）流量控制式同步回路

① 调速阀控制的同步回路：图 3-39 所示为调速阀控制的同步回路。两个调速阀分别
调节两缸活塞的运动速度，当两缸有效工作面积相等时，则流量也调整相同；若两缸有效
工作面积不等时，则改变调速阀的流量也能达到同步运动。

用调速阀控制的同步回路，结构简单，并且可以调速，但是由于受到油液温度变化以
及调速阀性能差异等影响，同步精度较低，一般在 5% ~7%。

② 电液比例调速阀控制的同步回路：图 3-40 所示用电液比例调速阀控制的同步回
路。回路中使用了一个普通调速阀 1 和一个比例调速阀 2，它们装在由多个单向阀组成的

桥式回路中，并分别控制着液压缸3和4的运动。当两个活塞出现位置误差时，检测装置就会发出信号，调节比例调速阀的开口大小，使液压缸4的活塞跟缸3的活塞运动而实现同步。

图3-37　串联液压缸的同步回路

1、2—液压缸

图3-38　采用补偿措施的串联液压缸同步回路

1、2—液压缸；3、4—二位三通电磁阀；

5—液控单向阀；6—三位四通电磁阀

图3-39　调速阀控制的同步回路

图3-40　电液比例调速阀控制的同步回路

1—普通调速阀；2—比例调速阀；3、4—液压缸

这种回路的同步精度较高，位置精度可达0.5 mm，已能满足大多数工作机构所要求的同步精度。比例阀性能虽然比不上伺服阀，但费用低，系统对环境适应性强。因此，用它来实现同步控制被认为是一个新的发展方向。

3. 多缸快慢速互不干涉回路

在一泵多缸的液压系统中，往往由于其中一个液压缸快速运动时，会造成系统的压力

下降，影响其他液压缸工作进给的稳定性。因此，在工作进给要求比较稳定的多缸液压系统中，必须采用多缸快慢速互不干涉回路。

在图 3-41 所示的回路中，各液压缸分别要完成快进、工作进给和快速退回的自动循环。回路采用双泵的供油系统，液压泵 1 为高压小流量泵，供给各缸工作进给所需的压力油；液压泵 2 为低压大流量泵，为各缸快进或快退时输送低压油，它们的压力分别由溢流阀 3 和 4 调定。

当开始工作时，电磁阀 1DT、2DT、3DT、4DT 同时得电，液压泵 2 输出的压力油经单向阀 6 和 8 进入液压缸的左腔，此时两泵供油使各活塞快速前进。当电磁铁 3DT、4DT 失电后，由快进转换成工作进给，单向阀 6 和 8 关闭，工进所需压力油由液压泵 1 供给。如果其中某一液压缸（例如液压缸 A）活塞先转换成快速退回，即二位四通电磁换向阀 9 失电换向，液压泵 2 输出的油液经单向阀 6、换向阀 9 和单向调速阀 11 进入液压缸 A 的右腔，左腔经换向阀回油，使活塞快速退回。其他液压缸仍由液压泵 1 供油，继续进行工作进给。这时，调速阀 5（或 7）使液压泵 1 仍然保持溢流阀 3 的调定压力，不受液压缸 A 快退的影响，防止了相互干扰。在回路中调速阀 5 和 7 的调整流量应适当大于单向调速阀 11 和 13 的调整流量，这样，工作进给的速度由单向调速阀 11 和 13 来决定，这种回路可以用在具有多个工作机构各自分别运动的机床液压系统中。二位四通电磁换向阀 10 用来控制液压缸 B 换向，二位二通电磁换向阀 12、14 分别控制液压缸 A、B 缸快速进给。

图 3-41 互不干涉回路

1、2—液压泵；3、4—溢流阀；5、7—调速阀；6、8—单向阀；9、10—二位四通电磁换向阀；
11、13—单向调速阀；12、14—二位二通电磁换向阀

任务实施

组装各类多缸控制回路，验证其工作原理，了解其性能特点，学习常见故障的诊断及排除方法。

再来试试！还真有意思！

① 选择组装回路所需要的元器件。

② 在实验台上布置好各元器件的大体位置。

③ 按图样组装系统回路，并检查其可靠性。

④ 接通主油路，让溢流阀全开，启动泵，再将溢流阀的开口大小逐渐减小，调试回路，观察各缸动作情况。如果缸不动，要检查油管是否接好，压力油是否送到位。

⑤ 验证结束，拆卸回路，清理元器件及试验台。

任务评价

序　号	能力点	掌握情况	序　号	能力点	掌握情况
1	安全操作		3	功能验证	
2	多缸动作回路的组装		4	故障诊断	

思考与练习

1. 举例说明，如果一个液压系统要同时控制几个执行元件按规定的顺序动作，应采用何种液压回路？

2. 在实训室连接用行程开关控制的顺序动作回路并分析其工作原理。

3. 简述用串联液压缸控制的同步回路的工作原理。

任务二　典型液压系统分析

液压技术广泛地应用于国民经济各个部门和各个行业，不同行业的液压机械，它的工况特点、动作循环、工作要求、控制方式等方面差别很大。但一台机器设备的液压系统无论有多复杂，都是由若干个基本回路组成，基本回路的特性也就决定了整个系统的特性。本任务通过介绍几种不同类型的液压系统，使读者能够掌握分析液压系统的一般步骤和方法。实际设备的液压系统往往比较复杂，要想真正读懂并非一件容易的事情，就必须要按照一定的方法和步骤，做到循序渐进，分块进行、逐步完成。读图的大致步骤如下：

① 首先要认真分析该液压系统的工作原理、性能特点，了解设备对液压系统的工作要求。

② 根据设备对液压系统执行元件动作循环的具体要求，从液压泵到执行元件（液压缸或马达）和从执行元件到液压泵双向同时进行，按油路的走向初步阅读液压系统原理图，寻找它们的连接关系，以执行元件为中心将系统分解成若干子系统，读图时要按照先读控制油路后读主油路的读图顺序进行。

③ 按照系统中组成的基本回路（如换向回路、调速回路、压力控制回路等）来分解系统的功能，并根据设备各执行元件间的互锁、同步、顺序动作和防干扰等要求，全面读懂液压系统原理图。

④ 分析液压系统性能优劣，总结归纳系统的特点，以加深对系统的了解。

子任务一 组合机床动力滑台液压系统分析

任务目标

- 掌握组合机床动力滑台液压系统的工作原理和特点；
- 分析组合机床动力滑台液压系统所使用的元件及元件在该系统中的功用；
- 分析组合机床动力滑台液压系统所使用的基本回路；
- 拆分差动油路，并分析其在系统中的作用；
- 分析用变量泵与两个调速阀串联的速度控制回路。

任务描述

查阅资料，熟悉机床动力滑台液压系统作用，分析液压系统原理图，了解系统性能特点。

知识与技能

1. 概述

组合机床是一种由通用部件和部分专用部件组合而成的高效、工序集中的专用机床，具有加工能力强、自动化程度高、经济性好等优点。动力滑台是组合机床上实现进给运动的一种通用部件，配上动力头和主轴箱可以完成钻、扩、铰、镗、铣、攻螺纹等工序，能加工孔和端面。广泛应用于大批量生产的流水线。卧式组合机床的结构示意图如图 3 - 42 所示。

2. YT4543 型动力滑台液压系统工作原理

图 3 – 43 是 YT4543 型动力滑台液压系统图，该滑台由液压缸驱动，系统用限压式变量叶片泵供油，三位五通电液换向阀换向，用液压缸差动连接实现快进，用调速阀调节实现工进，由两个串联调速阀及电磁阀控制实现一工进和二工进转换，用死挡铁保证进给的位置精度。可见，系统能够实现快进→一工进→二工进→死挡铁停留→快退→原位停止等功能。表 3 – 2 为该滑台的动作循环表（表中"＋"表示电磁铁得电）。

图 3 – 42　卧式组合机床的结构示意图

1—床身；2—动力滑台；3—动力头；4—主轴箱；
5—刀具；6—工件；7—夹具；8—工作台；9—底座

图 3 – 43　YT4543 型动力滑台液压系统图

1—限压式变量叶片泵；2—背压阀；3—外控顺序阀；4—液动换向阀（主阀）；
5—电磁先导阀；6、7—调速阀；8—电磁阀；9—行程阀；
10、11、12、13、14—单向阀；15、16—节流阀；
17—压力继电器；p_1、p_2、p_3—压力表接点

表 3 - 2　YT4543 型动力滑台液压系统动作循环表

动作名称	信号来源	电磁铁工作状态			液压元件工作状态				
		1Y	2Y	3Y	顺序阀 3	先导阀 5	主阀 4	电磁阀 8	行程阀 9
快进	人工启动按钮	+	−	−	关闭	左位	左位	右位	右位
一工进	行程挡块压下行程阀 9	+	−	−	打开	左位	左位	右位	左位
二工进	行程挡块压下行程开关	+	−	+				左位	左位
停留	滑台靠压在死挡铁处	+	−	+					
快退	压力继电器 17 发出信号	−	+	+	关闭	右位	右位		右位
停止	挡块压下终点开关	−	−	−	关闭	中位	中位	右位	右位

具体工作情况如下：

（1）快进

手动按下自动循环启动按钮，使电磁铁 1Y 得电，电液换向阀中的电磁先导阀 5 左位接入系统，在控制油路驱动下，液动换向阀 4 左位接入系统，系统开始实现快进。由于快进时滑台上无工作负载，液压系统只需克服滑台上负载的惯性力和导轨的摩擦力，泵的出口压力很低，使限压式变量叶片泵 1 处于最大偏心距状态，输出最大流量，外控式顺序阀 3 处于关闭状态，通过单向阀 12 的单向导通和行程阀 9 右位接入系统，使液压缸处于差动连接状态，实现快进。这时油路的流动情况为：

控制油路、进油路：限压式变量叶片泵 1→电磁先导阀 5（左位）→单向阀 13→液动换向阀 4（左位）；

回油路：液动换向阀 4（右位）→节流阀 16→电磁先导阀 5（左位）→油箱。

主油路、进油路：限压式变量叶片泵 1→单向阀 11→液动换向阀 4（左位）→行程阀 9 常位→液压缸左腔；

回油路：液压缸右腔→液动换向阀 4（左位）→单向阀 12→行程阀 9 常位→液压缸左腔。

（2）一工进

当滑台快进到预定位置时，滑台上的行程挡块压下行程阀 9，使行程阀左位接入系统，单向阀 12 与行程阀 9 之间的油路被切断，单向阀 10 反向截止，3Y 又处于失电状态，压力油只能经过调速阀 6、电磁阀 8 的右位后进入液压缸左腔，由于调速阀 6 接入系统，造成系统压力升高，系统进入容积节流调速工作方式，使系统第一次工进开始。这时其余液压元件所处状态不变，但外控顺序阀 3 被打开，由于压力的反馈作用，使限压式变量叶片泵 1 输出流量与调速阀 6 的流量自动匹配。这时油路的流动情况为：

进油路：限压式变量叶片泵 1→单向阀 11→液动换向阀 4（左位）→调速阀 6→电磁阀 8（右位）→液压缸左腔；

回油路：液压缸右腔→液动换向阀 4（左位）→外控针顺序阀 3→背压阀 2→油箱。

（3）二工进

当滑台第一次工作进给结束时，装在滑台上的另一个行程挡块压下一行程开关，使电磁铁 3Y 得电，电磁阀 8 左位接入系统，压力油经调速阀 6、调速阀 7 后进入液压缸左腔，此时，系统仍然处于容积节流调速状态，第二次工进开始。由于调速阀7的开口比调速阀6小，使系统工作压力进一步升高，限压式变量叶片泵1的输出流量进一步减少，滑台的进给速度降低。这时油路的流动情况为：

进油路：限压式变量叶片泵1→单向阀11→液动换向阀4（左位）→调速阀6→调速阀7→液压缸左腔；

回油路：液压缸右腔→液动换向阀4（左位）→外控顺序阀3→背压阀2→油箱。

（4）进给终点停留

当滑台以二工进速度运动到终点时，碰上事先调整好的死挡铁，使滑台不能继续前进，被迫停留。此时，油路状态保持不变，限压式变量叶片泵1仍在继续运转，使系统压力将不断升高，泵的输出流量不断减少直到流量全部用来补偿泵的泄漏，系统没有流量。由于流过调速阀6和7的流量为零，阀前后的压力差为零，从限压式变量叶片泵1出口到液压缸之间的压力油路段变为静压状态，使整个压力油液路上的油压力相等，即液压缸左腔的压力升高到泵出口的压力。由于液压缸左腔压力的升高，引起压力继电器17动作并发出信号给时间继电器（图3-43中未画出），经过时间继电器的延时处理，使滑台在死挡铁停留一定时间后开始下一个动作。

（5）快退

当滑台停留一定时间后，时间继电器发出快退信号，使电磁铁1Y失电、2Y得电，电磁先导阀5右位接入系统，控制油路换向，使液动换向阀4右位接入系统，因而主油路换向。由于此时滑台没有外负载，系统压力下降，限压式变量叶片泵1的流量又自动增至最大，有杆腔进油、无杆腔回油，使滑台实现快速退回。这时油路的流动情况为：

控制油路、进油路：限压式变量叶片泵1→电磁先导阀5（右位）→单向阀14→液动换向阀4（右边）；

回油路：液动换向阀4（左边）→节流阀15→电磁先导阀5（右位）→油箱。

主油路、进油路：限压式变量叶片泵1→单向阀11→液动换向阀4（右位）→液压缸右腔；

回油路：液压缸左腔→单向阀10→液动换向阀4（右位）→油箱。

（6）原位停止

当滑台快退到原位时，另一个行程挡块压下原位行程开关，使电磁铁1Y、2Y和3Y都失电，电磁先导阀5在复位弹簧作用下处于中位，液动换向阀4左右两边的控制油路都通油箱，因而液动换向阀4也在其复位弹簧作用下回到中位，液压缸两腔封闭，滑台停止运动，限压式变量叶片泵1卸荷。此时，这时油路的流动情况为：

卸荷油路：限压式变量叶片泵1→单向阀11→液动换向阀4（中位）→油箱。

3. YT4543型动力滑台液压系统特点

由以上分析看出，该液压系统主要由以下一些基本回路组成：由限压式变量叶片泵、调速阀和背压阀组成的容积节流调速回路；液压缸差动连接的快速运动回路；电液换向阀的换向回路；由行程阀、电磁阀、顺序阀、两个调速阀等组成的快慢速换接回路；采用电液换向阀 M 型中位机能和单向阀的卸荷回路等。该液压系统的主要性能特点是：

① 采用了限压式变量叶片泵和调速阀组成的容积节流调速回路，它能保证液压缸稳定的低速运动、较好的速度刚度和较大的调速范围。回油路上的背压阀除了防止空气渗入系统外，还可使滑台承受一定的负值负载。

② 系统采用了限压式变量叶片泵和液压缸差动连接实现快进，得到较大的快进速度，能量利用也比较合理。滑台工作间歇停止时，系统采用单向阀和 M 型中位机能换向阀串联使液压泵卸荷，既减少了能量损耗，又使控制油路保持一定的压力，保证下一工作循环的顺利启动。

③ 系统采用行程阀和外控顺序阀实现快进与工进的转换，不仅简化了油路，而且使动作可靠，换接位置精度较高。两次工进速度的换接采用布局简单、灵活的电磁阀，保证了换接精度，避免换接时滑台前冲，采用死挡铁作为限位装置，定位准确、可靠、重复精度高。

④ 系统采用换向时间可调的三位五通电液换向阀来切换主油路，使滑台的换向平稳，冲击和噪声小。同时电液换向阀的五通结构使滑台进、退时分别从两条油路回油，这样滑台快退时系统没有背压，减少了压力损失。

⑤ 系统回路中的单向阀 10、11 和 12 的用途完全不同。阀 11 使系统在卸荷情况下能够得到一定的控制压力，实现系统在卸荷状态下平稳换向。阀 12 实现快进时差动连接，工进时压力油与回油隔离。阀 10 实现快进与两次工进时的反向截止与快退时的正向导通，使滑台快退时的回油通过油路和液动换向阀 4 直接回油箱，以尽量减少系统快退时的能量损失。

任务实施

① 查阅资料；
② 理解机床动力滑台液压系统所实现的功能；
③ 分析液压系统原理图；
④ 分析该系统性能特点。

任务评价

序　号	能力点	掌握情况	序　号	能力点	掌握情况
1	理解能力		3	归纳总结能力	
2	原理图阅读能力		4	计算机运用能力	

思考与练习

1. 如图 3 - 43 所示的 YT4543 型动力滑台液压系统是由哪些基本液压回路组成的？单向阀 12 在油路中起什么作用？

2. 试分析将图 3 - 43 所示的 YT4543 型动力滑台液压系统由限压式变量泵供油，改为双联泵和单定量泵供油时，系统的不同点。

子任务二　汽车起重机液压系统分析

任务目标

- 掌握汽车起重机液压系统的工作原理和特点；
- 分析汽车起重机液压系统所使用的元件及元件在该系统中的功用；
- 分析汽车起重机液压系统所使用的基本回路。

任务描述

查阅资料，熟悉汽车起重机液压系统作用，分析液压系统原理图，了解系统性能特点。

知识与技能

1. 概述

汽车起重机机动性好，适应性强，自备动力，能在野外作业，操作简便灵活，能以较快速度行走，在交通运输、城建、消防、大型物料场、基建、急救等领域得到了广泛的使用。汽车起重机上采用液压起重技术，具有承载能力大，可在有冲击、振动等环境较差的条件下工作。由于系统执行元件需要完成的动作较为简单，位置精度要求较低，所以系统以手动控制为主。对于起重机械液压系统，设计中确保工作可靠与安全至关重要。

汽车起重机是用相配套的载重汽车为基本部分，在其上添加相应的起重功能部件，组成完整汽车起重机，并且利用汽车自备的动力作为起重机的液压系统动力。起重机工作时，汽车的轮胎不受力，依靠四条液压支腿将整个汽车抬起来，并将起重机的各个部分展开，进行起重作业。当需要转移起重作业现场时，只需要将起重机的各个部分收回到汽车上，使汽车恢复到车辆运输功能状态，进行转移。

图 3 - 44 为汽车起重机的工作结构示意图。它主要由如下五个部分构成：

图 3 – 44 汽车起重机工作结构示意图

① 支腿装置：起重作业时使汽车轮胎离开地面，架起整车，不使载荷压在轮胎上，并可调节整车的水平度。

② 吊臂回转机构：使吊臂实现360°任意回转，并在任何位置能够锁定停止。

③ 吊臂伸缩机构：使吊臂在一定尺寸范围内可调，并能够定位，用以改变吊臂的工作长度。一般为3节或4节套筒伸缩结构。

④ 吊臂变幅机构：使吊臂在一定角度范围内任意可调，用以改变吊臂的倾角。

⑤ 起降机构：使重物在起吊范围内任意升降，并在任意位置负重停止，起吊和下降速度在一定范围内无级可调。

2. Q2 – 8 型汽车起重机工作原理

Q2 – 8 型汽车起重机是一种中小型起重机（最大起重能力8 t），其液压系统图如图 3 – 45 所示，表 3 – 3 列出了该汽车起重机液压系统的工作情况。它是通过手动控制来实现多缸各自动作的。起重作业时一般为单个动作，少数情况下有两个缸的复合动作。为简化结构，系统采用一个液压泵给各执行元件串联供油。在轻载情况下，各串联的执行元件可任意组合，使几个执行元件同时动作，如伸缩和回转，或伸缩和变幅同时进行等。

汽车起重机液压系统中液压泵的动力，是由汽车发动机通过装在底盘变速器上的取力箱提供。液压泵为高压定量齿轮泵。由于发动机的转速可以通过节气门人为调节控制，因此尽管是定量泵，但在一定的范围内，其输出的流量可以通过控制汽车节气门开口的大小来人为控制，从而实现无级调速。该泵的额定压力为 21 MPa，排量为 40 mL/r，额定转速为 1 500 r/min。液压泵通过中心回转接头9、开关10 和过滤器11 从油箱吸油；输出的压力油经中心回转接头9、多路手动换向阀组1和2的操作，将压力油串联地输送到各执行元件。当起重机不工作时，液压系统处于卸荷状态。系统工作的具体情况如下：

图3-45　Q2-8型汽车起重机液压系统图

1、2—多路手动换向阀组；3—溢流阀；4—双向液压锁；

5、6、8—平衡阀；7—节流阀；9—中心回转接头；

10—开关；11—过滤器；12—压力计；

A、B、C、D、E、F—手动换向阀

表 3 - 3　Q2 - 8 型汽车起重机液压系统的工作情况

手动阀位置						系统工作情况						
阀 A	阀 B	阀 C	阀 D	阀 E	阀 F	前支腿液压缸	后支腿液压缸	回转液压马达	伸缩液压缸	变倾液压缸	起升液压马达	制动液压缸
左位	中位	中位	中位	中位	中位	伸出	不动	不动	不动	不动	不动	制动
右位	中位					缩回	不动					
中位	左位					不动	伸出					
	右位						缩回					
中位	中位	左位				不动	不动	正转				
		右位						反转				
		中位	左位					不动	缩回			
			右位						伸出			
			中位	左位					不动	减幅		
				右位						增幅		
				中位	左位					不动	正转	松开
					右位						反转	

（1）支腿缸收放回路

汽车起重机的底盘前后各有两条支腿，在每一条支腿上都装着一个液压缸，支腿的动作由液压缸驱动。两条前支腿和两条后支腿分别由多路手动换向阀组 1 中的三位四通手动换向阀 A 和 B 控制其伸出或缩回。换向阀均采用 M 型中位机能，且油路采用串联方式。每个液压缸的油路上均设有双向锁紧回路，以保证支腿被可靠地锁住，防止在起重作业时发生"软腿"现象或行车过程中支腿自行滑落。这时油路的流动情况如下：

前支腿　进油路：取力箱→液压泵→多路手动换向阀组 1 中的手动换向阀 A（左位或右位）→两个前支腿缸进油腔（手动换向阀 A 左位进油，前支腿放下；手动换向阀 A 右位进油，前支腿收回）；

回油路：两个前支腿缸回油腔→多路手动换向阀组 1 中的手动换向阀 A（左位或右位）→手动换向阀 B（中位）→中心回转接头 9→多路手动换向阀组 2 中手动换向阀 C、D、E、F 的中位→中心回转接头 9→油箱。

后支腿　进油路：取力箱→液压泵→多路手动换向阀组 1 中的手动换向阀 A（中位）→手动换向阀 B（左位或右位）→两个后支腿缸进油腔（手动换向阀 B 左位进油，后支腿放下；手动换向阀 B 右位进油，后支腿收回）；

回油路：两个后支腿缸回油腔→多路手动换向阀组 1 中的手动换向阀 B（左位或右位）→手动换向阀 A（中位）→中心回转接头 9→多路手动换向阀组 2 中手动换向阀 C、D、E、F 的中位→中心回转接头 9→油箱。

前后四条支腿可以同时收和放，当多路手动换向阀组 1 中的手动换向阀 A 和 B 同时左位工作时，四条支腿都放下；手动换向阀 A 和 B 同时右位工作时，四条支腿都收回；当多路手动换向阀组 1 中的手动换向阀 A 左位工作，手动换向阀 B 右位工作时，前支腿放下，后支腿收回；当多路手动换向阀组 1 中的手动换向阀 A 右位工作，手动换向阀 B 左位工作时，前支腿收回，后支腿放下。

（2）吊臂回转回路

吊臂回转机构采用液压马达作为执行元件。液压马达通过蜗轮蜗杆减速箱和一对内啮合的齿轮传动来驱动转盘回转。由于转盘转速较低（1～3 r/min），故液压马达的转速也不高，没有必要设置液压马达的制动回路。系统中用多路手动换向阀组 2 中的一个三位四通手动换向手动换向阀 C 来控制转盘正、反转和锁定不动三种工况。这时油路的流动情况如下：

进油路：取力箱→液压泵→多路手动换向阀组 1 中的手动换向阀 A、手动换向阀 B 中位→中心回转接头 9→多路手动换向阀组 2 中的手动换向阀 C（左位或右位）→回转液压马达进油腔；

回油路：回转液压马达回油腔→多路手动换向阀组 2 中的手动换向阀 C（左位或右位）→多路手动换向阀组 2 中的手动换向阀 D、E、F 的中位→中心回转接头 9→油箱。

（3）伸缩回路

起重机的吊臂由基本臂和伸缩臂组成，伸缩臂套在基本臂之中，用一个由三位四通手动换向阀 D 控制的伸缩液压缸来驱动吊臂的伸出和缩回。为防止因自重而使吊臂下落，油路中设有平衡回路。这时油路的流动情况如下：

进油路：取力箱→液压泵→多路手动换向阀组 1 中的手动换向阀 A、手动换向阀 B 中位→中心回转接头 9→多路手动换向阀组 2 中的手动换向阀 C 中位→手动换向阀 D（左位或右位）→伸缩缸进油腔；

回油路：伸缩缸回油腔→多路手动换向阀组 2 中的手动换向阀 D（左位或右位）→多路手动换向阀组 2 中的手动换向阀 E、F 的中位→中心回转接头 9→油箱。

当多路手动换向阀组 2 中的手动换向阀 D 左位工作时，伸缩缸上腔进油，缸缩回；手动换向阀 D 右位工作时，伸缩缸下腔进油，缸伸出。

（4）变幅回路

吊臂变幅是用一个液压缸来改变起重臂的角度。变幅液压缸由三位四通手动换向阀 E 控制。同理，为防止在变幅作业时因自重而使吊臂下落，在油路中设有平衡回路。这时油路的流动情况如下：

进油路：取力箱→液压泵→多路手动换向阀组 1 中的手动换向阀 A、手动换向阀 B 中位→中心回转接头 9→手动换向阀 C 中位→手动换向阀 D 中位→手动换向阀 E（左位或右位）→变幅缸进油腔；

回油路：变幅缸回油腔→手动换向阀 E（左位或右位）→手动换向阀 F 中位→中心回转接头 9→油箱。

当多路手动换向阀组 2 中的手动换向阀 E 左位工作时，变幅缸上腔进油，缸减幅；手动换向阀 E 右位工作时，变幅缸下腔进油，缸增幅。

（5）起降回路

起降机构是汽车起重机的主要工作机构，它由一个低速大转矩定量液压马达来带动卷扬机工作。液压马达的正、反转由三位四通手动换向阀 F 控制。起重机起升速度的调节是通过改变汽车发动机的转速从而改变液压泵的输出流量和液压马达的输入流量来实现的。在液压马达回油路上还设有单向节流阀的平衡回路，以防止重物自由下落。此外，在液压马达上还设有由单向节流阀和单作用闸缸组成的制动回路，当系统不工作时，通过闸缸中的弹簧力实现对卷扬机的制动，防止起吊重物下滑。当起重机负重起吊时，利用制动器延时张开的特性，可以避免卷扬机起吊时发生溜车下滑现象。这时油路的流动情况如下：

进油路：取力箱→液压泵→多路手动换向阀组 1 中的手动换向阀 A、手动换向阀 B 中位→中心回转接头 9→手动换向阀 C 中位→手动换向阀 D 中位→手动换向阀 E 中位→手动换向阀 F（左位或右位）→卷扬机液压马达进油腔；

回油路：卷扬机液压马达回油腔→手动换向阀 F（左位或右位）→中心回转接头 9→油箱。

3. Q2−8 型汽车起重机性能分析

从图 3−45 可以看出，该液压系统由调速、调压、锁紧、换向、制动、平衡、多缸卸荷等液压基本回路组成，其性能特点有：

① 在调速回路中，用手动调节换向阀的开口大小来调整工作机构（起降机构除外）的速度，方便灵活，但工人的劳动强度较大。

② 在调压回路中，用安全阀来限制系统最高工作压力，防止系统过载，对起重机起到超重起吊安全保护作用。

③ 在锁紧回路中，采用由液控单向阀构成的双向液压锁将前后支腿锁定在一定位置上，工作可靠、安全，确保整个起吊过程中每条支腿都不会出现"软腿"的现象，有效时间长。

④ 在平衡回路中，采用经过改进的单向液控顺序阀作平衡阀，以防止在起升、吊臂伸缩和变幅作业过程中因重物自重而下降，且工作稳定、可靠。但在一个方向有背压，会对系统造成一定的功率损耗。

⑤ 在多缸卸荷回路中，采用多路换向阀结构，其中的每一个三位四通手动换向阀的中位机能都为 M 型，并且将阀在油路中串联起来使用，这样可以使任何一个工作机构单独动作，也可在轻载下任意组合的同时动作。但采用六个换向阀串联连接，会使液压泵的卸荷压力加大，系统效率降低。

⑥ 在制动回路中，采用由单向节流阀和单作用闸缸构成的制动器，制动可靠、动作快，由于要用液压油输入液压缸压缩弹簧来松开制动，因此制动松开的动作慢，可防止负重起重时的溜车现象发生，确保起吊安全。

任务实施

① 查阅资料；

② 理解汽车起重机液压系统所所实现的功能；

③ 分析液压系统原理图；

④ 分析该系统性能特点。

任务评价

序　号	能力点	掌握情况	序　号	能力点	掌握情况
1	理解能力		3	归纳总结能力	
2	原理图阅读能力		4	计算机运用能力	

思考与练习

1. 图 3-43 所示的 YT4543 型动力滑台液压系统是由哪些基本液压回路组成的？

2. 图 3-45 所示的 Q2-8 型汽车起重机液压系统中，为什么采用弹簧复位式手动换向阀控制各执行元件的动作？

子任务三　数控加工中心液压系统分析

任务目标

- 掌握数控加工中心液压系统的工作原理和特点；

- 分析数控加工中心液压系统所使用的元件及元件在该系统中的功用；

- 分析数控加工中心液压系统所使用的基本回路。

什么是数控加工中心，也是液压控制的吗？

任务描述

查阅资料，熟悉数控加工中心液压系统作用，分析液压系统原理图，了解系统性能特点。

看看液压系统能干哪些活？

知识与技能

1. 概述

数控加工中心是在数控机床基础上发展起来的多功能数控机床。数控机床和数控加工中心都采用计算机数控技术（简称 CNC），在数控加工中心机床上配备有刀库和换刀机械手，可在一次装夹中完成对工件的钻、扩、铰、镗、铣、锪、螺纹加工，复杂曲面加工和测量等多道加工工序，是集机、电、液、气、计算机、自动控制等技术于一体的高效柔性自动化机床。数控加工中心各部分的动作均由计算机的指令控制，具有加工精度高、尺寸稳定性好、生产周期短、自动化程度高等优点，特别适合于加工形状复杂，精度要求高的多品种成批、中小批量及单件生产的工件，因此数控加工中心目前已在国内相关企业中普遍使用。数控加工中心一般由主轴组件、

图 3-46 立式加工中心结构示意图
1—床身；2—工作台；3—台虎钳；4—工件；
5—换刀机械手；6—刀库；7—立柱；8—拉刀装置；
9—主轴箱；10—刀具

刀库、换刀机械手、X、Y、Z 三个进给坐标轴、床身、CNC 系统、伺服驱动、液压系统、电气系统等部件组成。立式加工中心结构示意图如图 3-46 所示。

2. 数控加工中心液压系统工作原理

数控加工中心中普遍采用了液压技术，主要完成机床的各种辅助动作，如主轴变速、主轴刀具夹紧与松开、刀库的回转与定位、换刀机械手的换刀、数控回转工作台的定位与夹紧等。图 3-47 为卧式镗铣加工中心液压系统原理图，其组成部分及工作原理如下：

（1）液压油源

该液压系统采用液压泵和蓄能器联合供油方式，液压泵为限压式变量叶片泵，最高工作压力为 7 MPa。溢流阀 4 作为溢流阀用，其调整压力为 8 MPa，只有系统过载时才起作用。手动换向阀 5 用于系统卸荷，过滤器 6 用于对系统回油进行过滤。

（2）液压平衡装置

由溢流减压阀 7、溢流阀 8、手动换向阀 9、液压缸 10 组成平衡装置，蓄能器 11 用于吸收液压冲击。液压缸 10 为支撑加工中心立柱丝杠的液压缸。为减小丝杠与螺母间的摩擦，并保持摩擦力均衡，保证主轴精度，用溢流减压阀 7 维持液压缸 10 下腔的压力，使丝杠在正、反向工作状态下处于稳定的受力状态。当液压缸上行时，压力油和蓄能器向液压缸下腔供油，当液压缸在丝杠带动而下行时，缸下腔的油液又被挤回蓄能器或经过溢流减压阀 7 流回油箱，因而起到平衡作用。调节溢流减压阀 7 可使液压缸 10 处于最佳受力工作状态，其受力的大小可通过测量 Y 轴伺服电动机的负载电流来判断。手动换向阀 9 用于使液压缸卸荷。

液压与气动技术

图3-47 卧式镗铣加工中心液压系统原理图

1—电动机；2—变量泵；3—单向节流阀；4、8—溢流阀；5、9—手动换向阀；10、24、26、35、36、37、38、39、40、41、42—液压缸；
11—蓄能器；12—减压阀；13、14、17、20、21、25、27、28、29、31、33—电磁阀；16—带单向阀的快速接头；18—双向节流阀；
19—双液控单向阀；22—增压器；23—减压阀；30—压力继电器；32—液压马达；34—控制单元；6—过滤器；7—溢流减压阀；15—双向节流阀；

184

（3）主轴变速回路

主轴通过交流变频电动机实现无级调速。为了得到最佳的转矩性能，将主轴的无级调速分成高速和低速两个区域，并通过一对双联齿轮变速来实现。主轴的这种换挡变速由液压缸 40 完成。在图 3－47 所示位置时，压力油直接经电磁阀 13 右位、电磁阀 14 右位进入缸 40 左腔，完成由低速向高速的换挡。当电磁阀 13 切换至左位时，压力油经减压阀 12、电磁阀 13、14 进入缸 40 右腔，完成由高速向低速的换挡。换挡过程中液压缸 40 的速度由双向节流阀 15 来调节。

（4）换刀回路及动作

加工中心在加工零件过程中，当前道工序完成后就需换刀，此时机床主轴退至换刀点，且处在准停状态，所需置换的刀具已处在刀库预定换刀位置。换刀动作由机械手完成，其换刀过程如下：

机械手抓刀→刀具松开和定位→机械手拔刀→机械手换刀→机械手插刀→刀具夹紧和松开→机械手复位。

① 机械手抓刀：当系统收到换刀信号时，电磁阀 17 切换至左位，压力油进入齿条缸 38 下腔，推动活塞上移，使机械手同时抓住主轴锥孔中的刀具和刀库上预选的刀具。双向节流阀 18 控制抓刀和回位的速度，双液控制单向阀 19 保证系统失压时机械手位置不变。

② 刀具松开和定位：当抓刀动作完成后，发出信号使电磁阀 20 切换至左位，电磁阀 21 处于右位，从而使增压器 22 的高压油进入液压缸 39 左腔，活塞杆将主轴锥孔中的刀具松开；同时，液压缸 24 的活塞杆上移，松开刀库中预选的刀具；此时，液压缸 36 的活塞杆在弹簧力作用下将机械手上两个定位销伸出，卡住机械手上的刀具。松开主轴锥孔中刀具的压力可由减压阀 23 调节。

③ 机械手拔刀：当主轴、刀库上的刀具松开后，无触点开关发出信号，电磁阀 25 处于右位，由液压缸 26 带动机械手伸出，使刀具从主轴锥孔和刀库链节中拔出。液压缸 26 带有缓冲装置，以防止行程终点发生撞击和噪声。

④ 机械手换刀：机械手伸出后发出信号，使电磁阀 27 换向至左位。液压（齿条）缸 37 的活塞向上移动，使机械手旋转 180°，转位速度由双单向节流阀调节，并可根据刀具的质量，由电磁阀 28 确定两种换刀速度。

⑤ 机械手插刀：机械手旋转 180°后发出信号，使电磁阀 25 换向，液压缸 26 使机械手缩回，刀具分别插入主轴锥孔和刀库链节中。

⑥ 刀具夹紧和松开：机械手插刀后，电磁阀 20、21 换向。液压缸 39 使主轴中的刀具夹紧；液压缸 24 使刀库链节中的刀具夹紧；液压缸 36 使机械手上定位销缩回，以便机械手复位。

⑦ 机械手复位：刀具夹紧后发出信号，电磁阀 17 换向，液压缸 38 使机械手旋转 90°回到起始位置。

到此，整个换刀动作结束，主轴启动进入零件加工状态。

（5）数控旋转工作台回路

① 数控工作台夹紧：数控旋转工作台可使工件在加工过程中连续旋转，当进入固定位置加工时，电磁阀 29 切换至左位，使工作台夹紧，并由压力继电器 30 发出信号。

② 托盘交换：交换工件时，电磁阀 31 处于右位，液压缸 41 使定位销缩回，同时液压缸 42 松开托盘，由交换工作台交换工件，交换结束后电磁阀 31 换向，定位销伸出，托盘夹紧，即可进入加工状态。

（6）刀库选刀、装刀回路

在零件加工过程中，刀库需把下道工序所需的刀具预选列位。首先判断所需的刀具在刀库中的位置，确定液压马达 32 的旋转方向，使电磁阀 33 换向，控制单元 34 控制液压马达启动、中间状态、到位及转速，刀具到位后由旋转编码器组成的闭环系统发出信号。双向溢流阀起安全作用。液压缸 35 用于刀库装卸刀具。

3. 系统特点

① 在加工中心中，液压系统所承担的辅助动作的负载力较小，主要负载是工作机构的摩擦力和启动时的惯性力，因此一般采用压力在 10 MPa 以下的中低压系统，且液压系统流量一般在 30 L/min 以下。

② 加工中心在自动循环过程中，各个阶段流量需求的变化很大，并要求压力基本恒定。采用限压式变量泵与蓄能器组成的液压源，可以减小流量脉动、能量损失和系统发热，提高机床加工精度。

③ 加工中心的主轴刀具需要的夹紧力较大，而液压系统其他部分需要中低压力，且受主轴结构的限制，不宜选用缸径较大的液压缸。采用增压器可以满足主轴刀具对夹紧力的要求。

④ 在齿轮变速箱中，采用液压缸驱动滑移齿轮来实现两级变速，可以扩大伺服电动机驱动的主轴的调速范围。

⑤ 加工中心的主轴、垂直拖板、变速箱、主电动机等连成一体，由伺服电动机通过 Y 轴丝杠带动其上下移动。采用溢流减压阀—平衡缸的平衡回路，可以保证加工精度，减小丝杠的轴向受力，且结构简单、体积小、质量轻。

任务实施

① 查阅资料；

② 理解数控加工中心液压系统实现的功能；

③ 分析卧式镗铣加工中心液压系统原理图；

④ 分析该系统性能特点。

任 务 评 价

序　号	能力点	掌握情况	序　号	能力点	掌握情况
1	理解能力		3	归纳总结能力	
2	原理图阅读能力		4	计算机运用能力	

思考与练习

1. 图 3 – 47 所示的卧式镗铣加工中心液压系统由哪些基本液压回路组成的？

2. 试画出如图 3 – 47 所示的卧式镗铣加工中心液压系统的动作循环表。

项目四

液压传动系统设计与计算

在进行液压传动系统设计时，首先要明确执行元件的类型、运动方式和受力情况，然后才能设计出符合要求的液压传动系统。液压传动系统的设计是整机设计的一部分，因此在设计过程中，要注意与整机的衔接和其他部分的配合。

任务一　卧式钻镗组合机床动力滑台液压系统设计

☝ 任务目标

- 能够根据任务明确液压传动系统设计的要求，即工况分析；
- 能够根据工作条件合理选用液压系统元件；
- 能够拟定液压系统原理图。

任务描述

设计任务：设计一台卧式钻镗组合机床动力滑台液压系统。

a. 工作循环回路为快进—工进—快退—原位停止。

b. 轴向最大切削力为 12 000 N；工作进给速度在 $0.33 \times 10^{-3} \sim 20 \times 10^{-3}$ m/s 范围内无级变速；动力滑台重力 $F_g = 20\ 000$ N；快进和快退的速度均为 0.1 m/s；导轨为平导轨，静、动摩擦系数分别为 $f_s = 0.2$，$f_d = 0.1$；往返运动的加速和减速时间均为 0.2 s；快进行程 L_1 和工进形成 L_2 均为 0.1 m。

c. 要求采用液压与电气结合，实现自动循环。

知识与技能

1. 选定执行元件

执行元件初步采用差动型液压缸，其左、右腔有效工作面积之比为 2∶1。

2. 拟定液压系统原理图

① 调速方式的选择。该机床负载小，中等功率，且要求低速运动平稳，速度负载特

188

性好，因此采用调速阀进油节流调速回路，并在回油路上加背压阀。

② 快速回路和速度换接方式的选择。选用差动连接实现快进；快进转为工进时要求平稳，故选用行程阀来实现，工进转为快退则利用压力继电器来实现。

③ 油源选择。此液压系统的特点是快进时要求低压、大流量、时间短，工进时高压、小流量、时间长，因此采用双联叶片泵或限压式变量泵，考虑到系统要求平稳、可靠，因此选择双联叶片泵。

④ 液压系统的组合。在上述所选基本回路的基础上，确定完整的液压系统原理图如图 4-1 所示。

⑤ 列出系统工作循环表，检查动作循环，如表 4-1 所示。从表 4-1 和图 4-1 看出，当液压缸快进时，由于空载，压力很小，液控顺序阀 3 和 5 均未打开，换向阀 9 工作在左位，双泵同时通过换向阀 9、单向行程调速阀 7 中的机动二位二通阀向液压缸左腔供油；同时，由于液控顺序阀 5 未打开，液压缸右腔的油液经换向阀 9、单向阀 6、单向行程调速阀 7 中的机动二位二通阀向液压缸左腔供油，即形成差动连接的快速运动回路，液压缸快速左行。当工进时，液压缸运动部件压下单向行程调速阀 7 中的机动二位二通阀（断开），同时液压缸因承受最大轴向切削力 12 000 N，导致系统压力增大使液控顺序阀 3 和 5 均打开，差动快速回路被消除，这样液压缸右腔的油液经换向阀 9、液控顺序阀 5、背压阀 4 流回油箱，大流量泵 2 通过液控顺序阀 3 卸荷，系统只由小流量泵 1 供

图 4-1 钻、镗组合机床液压系统原理图
1—小流量泵；2—大流量泵；3、5—液控顺序阀；
4—背压阀；6、10、11—单向阀；7—单向行程调速阀；
8—压力继电器；9—换向阀；12—溢流阀

油，经换向阀 9、单向行程调速阀 7 中的节流调速阀向液压缸左腔供油，实现工进。当工进终了时，压力继电器发出信号，则控制系统使 1YA 断电，2YA 通电，换向阀 9 工作在右位，系统压力减小，液控顺序阀 3 和 5 均关闭，双泵经换向阀 9 向液压缸右腔供油，液压缸左腔的油液经单向行程调速阀 7 中的单向阀、换向阀 9 流回油箱，液压缸快退返回。

表 4-1 系统工作循环表

电磁铁 动作循环	1YA	2YA	行程阀	压力继电器
快进	+	-	-	-
工进	+	-	+	+（工进终了）

续表

电磁铁 动作循环	1YA	2YA	行程阀	压力继电器
快退	-		-	-
停止	-	-	-	-

任务实施

① 根据工况要求确定液压系统初步工作方案；

② 选用该系统所需要的液压系统元件；

③ 绘制液压系统工况图及液压系统原理图。

任务评价

序　号	能力点	掌握情况	序　号	能力点	掌握情况
1	功能理解		3	计算能力	
2	系统设计思想				

思考与练习

1. 简述液压系统工况图的作用？

2. 液压系统元件的选用要求有哪些？

3. 如何画出液压系统原理图？

任务二　卧式钻镗组合机床动力滑台液压系统计算

任务目标

• 能够确定液压传动系统中执行元件所需的压力和流量；

• 能够合理确定液压系统参数。

任务描述

计算任务一中卧式钻镗组合机床动力滑台液压系统参数。

知识与技能

1. 选择执行元件

执行元件初步采用差动型液压缸,其前、后腔有效工作面积之比为 2:1。

2. 负载计算

① 切削阻力为 $F_t = 12\ 000$ N。

② 导轨静摩擦力 $F_f = f_S F_g = 0.2 \times 20\ 000$ N $= 4\ 000$ N;导轨动摩擦力 $F_d = f_d F_g = 0.1 \times 20\ 000$ N $= 2\ 000$ N。

③ 动力滑台快进时的惯性力 F_m 为

$$F_m = \frac{F_g \Delta v}{g \Delta t} = \frac{2\ 000}{9.8} \times \frac{0.1}{0.2}\ \text{N} = 1\ 020\ \text{N}$$

动力滑台由工进到减速停止的惯性力 F_{m1} 为

$$F_m = \frac{F_g \Delta v}{g \Delta t} = \frac{20\ 000}{9.8} \times \frac{20 \times 10^{-3}}{0.2}\ \text{N} = 204\ \text{N}$$

液压缸各动作阶段的负载计算如表 4-2 所示。

表 4-2 液压缸各动作阶段的负载计算

动 作 阶 段	负载计算公式	液压缸负载 F/N
启动	$F = f_s F_g / \eta_m$	4 444
加速	$F = (f_d F_g + F_m) / \eta_m$	3 356
快进	$F = f_d F_g / \eta_m$	2 222
工进	$F = (f_d F_g + F_t) / \eta_m$	15 556
制动	$F = (f_d F_g - F_{m1}) / \eta_m$	1 996
快退	$F = f_d F_g / \eta_m$	2 222
制动	$F = (f_d F_g - F_{m1}) / \eta_m$	1 089

3. 运动分析

① 快进时间:$t_1 = \dfrac{L_1}{v_1} = \dfrac{0.1}{0.1}\text{s} = 1\ \text{s}$

② 工进时间:

工进最长时间:$t_{2\max} = \dfrac{L_2}{v_{2\min}} = \dfrac{0.1}{0.33 \times 10^{-3}}\ \text{s} = 300\ \text{s}$

工进最短时间:$t_{2\max} = \dfrac{L_2}{v_{2\min}} = \dfrac{0.1}{20 \times 10^{-3}}\ \text{s} = 5\ \text{s}$

③ 快退时间:$t_3 = \dfrac{L_1 + L_2}{v_3} = \dfrac{0.1 + 0.1}{0.1}\ \text{s} = 2\ \text{s}$

4. 绘制液压缸负载图和速度图

根据上述计算数据，可绘出液压缸负载图，如图 4 – 2（a）所示，液压缸速度图，如图 4 – 2（b）所示。

图 4 – 2　液压缸负载图和速度图

5. 确定液压系统参数

① 初选液压缸工作压力。组合机床液压系统的工作压力一般为 $(30 \sim 50) \times 10^5$ Pa，初选液压缸的工作压力 $p_1 = 44 \times 10^5$ Pa。为防止钻孔时动力滑台发生前冲，取液压缸回油腔背压 $p_2 = 6 \times 10^5$ Pa。取快进、快退回油压力损失 $\Delta p_2 = 5 \times 10^5$ Pa。

② 计算液压缸尺寸。由于设定液压缸前、后腔有效工作面积之比为 2∶1，得出液压缸无杆腔有效工作面积 A_1 为

$$A_1 = \frac{F_{\max}}{\left(p_1 - \dfrac{1}{2}p_2\right)} = \frac{15\,556}{\left(44 - \dfrac{6}{2}\right) \times 10^5} \ \text{m}^2 \approx 37.9 \times 10^{-4} \ \text{m}^2$$

液压缸内径 D 为

$$D = \sqrt{\frac{4A_1}{\pi}} = \sqrt{\frac{4 \times 38 \times 10^{-4}}{\pi}} \ \text{m} = 6.96 \times 10^{-2} \ \text{m}$$

活塞杆直径 d 为

$$d = 0.7D \approx 5 \times 10^{-2} \ \text{m}$$

重算液压缸有效工作面积，无杆腔面积为

$$A_1 = \frac{\pi D^2}{4} = \frac{3.14 \times (7 \times 10^{-2})^2}{4} \ \text{m}^2 \approx 38.5 \times 10^{-4} \ \text{m}^2$$

有杆腔面积为

$$A_1 = \frac{\pi}{4}(D^2 - d^2) = \frac{3.14}{4} \times (7^2 - 5^2) \times 10^{-4} \ \text{m}^2 \approx 18.8 \times 10^{-4} \ \text{m}^2$$

活塞杆面积为

$$A_3 = A_1 - A_2 = 19.7 \times 10^{-4} \ \mathrm{m}^2$$

③ 计算液压缸在各阶段的压力、流量、功率，如表 4 - 3 所示。

表 4 - 3　液压缸在各阶段的压力、流量、功率

工　况		负载 F_0/N	回路压力损失 $\Delta p_2 \times 10^5/\mathrm{Pa}$	回油腔压力 $p_2 \times 10^5/\mathrm{Pa}$	进油腔压力 $p_1 \times 10^5/\mathrm{Pa}$
快进（差动联结）	起动	4 444	0	$p_2 = p_1$	$p_1 = \dfrac{F_0}{A_3} = 22.6$
	加速	3 356	5	$p_2 = p_1$	$p_1 = \dfrac{F_0}{A_3} + \Delta p_2 = 22$
	快进	2 222	5	$p_2 = p_1$	$p_1 = \dfrac{F_0}{A_3} + \Delta p_2 = 16.3$
	流量 $q \times 10^{-3}/\mathrm{m}^3 \cdot \mathrm{s}^{-1}$	$q = A_3 \times v_1 = 0.2$			
	功率 P_N/W	$P_\mathrm{N} = p_1 \times q = 0.326 \times 10^3$			
工进	工进	15 556	—	6	$P_1 = \dfrac{F_0}{A_1} + \dfrac{P_2}{2} = 434$
	流量 $q \times 10^{-3}/\mathrm{m}^3/\mathrm{s}$	$q = A_1 \times v_2 = 0.077$			
	功率 P_N/W	$P_\mathrm{N} = p_1 \times q = 0.334 \times 10^3$			
快退	启动	4 444	0	—	$p_1 = \dfrac{F_0}{A_2} = 23.6$
	加速	3 356	5		$p_1 = \dfrac{F_0}{A_2} + 2 \times \Delta P_2 = 27.8$
快退	快退	2 222	5		$p_1 = \dfrac{F_0}{A_2} + 2 \times \Delta P_2 = 21.8$
	制动	1 089	5		$p_1 = \dfrac{F_0}{A_2} + 2 \times \Delta P_2 = 15.8$
快退	流量 $q \times 10^{-3}/\mathrm{m}^3/\mathrm{s}$	$q = A_2 \times v_1 = 0.19$			
	功率 P_N/W	$P_\mathrm{N} = p_1 \times q = 0.41 \times 10^3$			

注：取工进时最大速度 $v_2 = 20 \times 10^{-3}/\mathrm{m/s}$

④ 绘制液压缸工况图。根据表 4 - 3 绘制液压缸工况图：图 4 - 3（a）为流量图、图 4 - 3（b）为压力图、图 4 - 3（c）为功率图。

6. 液压系统主要性能验算

（1）压力损失验算

有同类型液压系统做参考时可不作验算，下面只作工进时的压力损失验算。设进油

管、回油管长 $L = 1.5$ m，内径 $d = 12 \times 10^{-3}$ m，流量 $q = 0.077 \times 10^{-3}$ m^3/s，设所选用的液压油 15 ℃时的黏度 $\nu = 1.5$ cm^2/s。

图 4 – 3 液压缸工况图

① 用雷诺数判断流态

$$Re = \frac{vd}{\nu} = \frac{\frac{4q}{\pi d^2} d}{\nu} = \frac{1.273 \times q}{d\nu} = \frac{1.273 \times 0.077 \times 10^{-3}}{12 \times 10^{-3} \times 1.5 \times 10^{-4}} = 545 < 2\,000$$

所以流态为层流。

② 计算沿程压力损失。进油路沿程压力损失 Δp_1 为

$$\Delta p_1 = \lambda \rho \frac{l}{d} \frac{v^2}{2}$$

式中：$\lambda = \dfrac{75}{Re} = \dfrac{75\nu}{vd}$，$v = \dfrac{4q}{\pi d^2}$，$\rho = 900$ kg/m^3。将这三项代入上式得

$$\Delta p_1 = 4.3 \times 10^4 \times \frac{\nu l q}{d^4}$$

取 $\nu = 1.5 \times 10^{-4}$ m^2/s，$q = 0.077 \times 10^{-3}$ m^3/s，$l = 1.5$ m，$d = 12 \times 10^{-3}$ m，得 $\Delta p_1 = 0.36 \times 10^5$ Pa。取 $\Delta p_1 = 0.4 \times 10^5$ Pa。

回油路沿程压力损失 Δp_2 可按上述同样的方法计算，得

$$\Delta p_2 = 4.3 \times 10^4 \times \frac{1.5 \times 10^{-4} \times 1.5 \times 0.038\,5 \times 10^{-3}}{(12 \times 10^{-3})^4} \text{Pa} \approx 0.2 \times 10^5 \text{ Pa}$$

沿程压力总损失 $\sum \Delta p_1$ 为

$$\sum \Delta p_1 = \Delta p_1 + \frac{1}{2} \Delta p_2 = 0.5 \times 10^5 \text{ Pa}$$

③ 计算局部压力损失 Δp_v。根据表 4 – 4 和图 4 – 3 得

$$\Delta p_v = \left[2 \times \left(\frac{4.62}{25} \right)^2 + 2 \times \left(\frac{4.62}{25} \right)^2 + 5 + \frac{1}{2} \times 1.5 \times \left(\frac{2.31}{25} \right)^2 + \frac{1}{2} \times 6 \right] \times 10^5 \text{Pa} \approx 8.2 \times 10^5 \text{Pa}$$

上式中注意：调速阀、溢流阀压力损失可认为不变；由于是差动液压缸（$A_1 \approx A_2$），回油路压力损失折合到进油路取半值。

表 4-4 局部压力损失

名 称	实际通过流量 $q \times \dfrac{10^{-3}}{60}/(\text{m}^3/\text{s})$	公称流量 $q_r \times \dfrac{10^{-3}}{60}/(\text{m}^3/\text{s})$	公称压力损失 $\Delta p_r \times 10^5/\text{Pa}$
单向阀 6	4.62	25	2
换向阀 9	4.62	25	2
单向行程调速阀 7	4.62	25	5
液控顺序阀 3	2.31	25	1.5
液控顺序阀 5	2.31	10	6

④ 估算集成连接压力损失：假定液压元件采用集成安装，则集成连接压力损失为

$$\Delta p_j = 0.3 \times 10^5 \text{ Pa}$$

⑤ 计算工进总压力损失 $\sum \Delta p$。

$$\sum p = \sum \Delta p_1 + \sum \Delta p_v + \sum \Delta p_j = (0.5 + 8.2 + 0.3) \times 10^5 \text{ Pa} = 9 \times 10^5 \text{ Pa}$$

将该数值加上液压缸负载和压力继电器要求的压力（取 5×10^5 Pa），可得溢流阀调整压力参考值 p，即

$$p = \sum p + p_1 + 5 \times 10^5 \text{ Pa}$$

将 $\sum p = 9 \times 10^5$ Pa，$p_1 = \dfrac{F_0}{A_1} = \dfrac{15\,556}{38.5 \times 10^{-4}}$ Pa $= 40.4 \times 10^5$ Pa 代入上式得

$$p = 54.4 \times 10^5 \text{ Pa}$$

该压力值比估算值的 $p_{H1} = 56.4 \times 10^5$ Pa 小，因此主油路上的元件和油管直径均可不变。但应当注意，快退时由于流量大，系统总的压力损失要比工进时大，若此时工进负载小，则溢流阀压力要按快退时所需的压力调定。

（2）系统发热与温升验算

由于机床工作时间主要是工进时间，因此只需要验算工进时的温升。

① 小流量泵的输入功率 P_{N1}。工进时小流量泵的压力 $p_{B1} = p_{H1} = 56.4 \times 10^5$ Pa，流量 $q_1 = 0.1 \times 10^{-3}$ m³/s，查双联泵效率 $\eta_p = 0.75$，则

$$P_{N1} = \frac{p_{B1} \times q_1}{\eta_p} = \frac{56.4 \times 10^5 \times 0.1 \times 10^{-3}}{0.75} \text{W} = 755 \text{ W}$$

② 大流量泵功率 P_{N2}。工进时大流量泵卸荷。顺序阀的压力损失 $\Delta p_s = 1.5 \times 10^5$ Pa，大流量泵的压力 $p_{B2} = \Delta p_s = 1.5 \times 10^5$ Pa，流量 $q_2 = 0.15 \times 10^{-3}$ m³/s，工进时的沿程压力总损失为 $\sum \Delta p_1$，由于 $A_1 \approx 2A_2$，所以回油压力损失 Δp_2 折算到大流量泵的功率 P_{N2} 为

$$P_{N2} = \frac{\Delta p_s \times q_2}{\eta_p} = \frac{1.5 \times 10^5 \times 0.15 \times 10^{-3}}{0.75} \text{W} = 30 \text{ W}$$

③ 双联泵的功率 P_N。双联泵的功率为

$$P_N = P_{N1} + P_{N2} = (755 + 30) \text{ W} = 785 \text{ W}$$

④ 有效功率 P_{N0}。工进时液压缸负载 $F = 14\,000$ N，取工进时的速度 $v = 1.67 \times 10^{-3}$ m/s，

则有效功率

$$P_{N0} = F_v = 14\ 000 \times 1.67 \times 10^{-3}\ \text{W} = 23.4\ \text{W}。$$

⑤ 系统发热功率 P_{Nh}。系统发热功率为

$$P_{Nh} = P_N - P_{N0} \approx 762\ \text{W}$$

⑥ 散热面积 A。油箱容积 $V = 105\ \text{L}$，油箱近似散热面积 A 为

$$A = 0.065 \times \sqrt[3]{V^2} = 0.065 \times \sqrt[3]{105^2}\ \text{m}^2 = 1.447\ \text{m}^2$$

⑦ 油液温升 Δt。设采用风冷，油箱传热系数 $k_t = 23\ \text{W/(m}^2 \cdot \text{℃)}$，可得油液温升为

$$\Delta t = \frac{P_{Nh}}{k_t A} = \frac{762}{23 \times 1.447}\ \text{℃} \approx 22.9\ \text{℃}$$

设夏天室温为 30℃，则油温为（30 + 22.9）℃ = 52.9 ℃，没有超过允许油温（50 ~ 60℃），说明上述设计是可行的。

任务实施

① 根据工况要求确定液压系统初步工作方案；
② 根据工作要求计算负载及该液压系统所需的参数。

任务评价

序　号	能力点	掌握情况	序　号	能力点	掌握情况
1	功能理解		3	计算能力	
2	计算机操作能力		4	文档整理能力	

思考与练习

1. 液压系统工况图的作用是什么？
2. 如何实现温度平衡？

项目五

↺ 气 压 传 动

气压传动工作原理类似于液压传动工作原理，气压系统由动力元件、执行元件、控制元件以及一些必要的辅助元件组成，这些元件是组成气压传动系统最基本的单元，其性能的好坏直接影响系统的使用性能以及能否实现所要达到的工作要求。只有充分理解了各组成元件的工作原理、性能特点并能正确识别相应的图形符号以后，才能完成气压传动系统的设计、安装、使用、维护等工作。

任务一　气压传动基础知识的认识

任务目标

- 了解气动系统工作原理；
- 了解气压传动的特点；
- 了解空气的特性。

和液压系统相比，气动系统有哪些变化？

任务描述

查阅资料，认识气压传动系统工作原理及组成部分，对比液压传动认识气压传动的特点。

知识与技能

1. 气压传动系统组成

气压传动简称气动，是以压缩空气为主要工作介质来传递动力和控制信号，控制和驱动各种机械和设备，以实现生产过程机械化、自动化。因为以压缩空气为工作介质具有防火、防爆、防电磁干扰，抗振动、冲击、辐射，无污染，结构简单，工作可靠等特点，所以气动技术与液压、机械、电气和计算机技术一起，互相补充，已发展成为实现生产过程自动化的一个重要手段，在机械、冶金、轻纺、食品、化工、交通运输、航空航天、国防建设等各个行业部门得到广泛的应用。

（1）气压传动系统的工作原理

气压传动系统的工作原理是利用空气压缩机将电动机或其他原动机输出的机械能转变为空气的压力能，然后在控制元件的控制和辅助元件的配合下，通过执行元件把空气的压力能转变为机械能，从而完成直线或回转运动并对外做功。

（2）气压传动系统的组成

典型的气压传动系统，一般由以下部分组成：

① 气压发生装置是将原动机输出的机械能转变为空气的压力能。其主要设备是空气压缩机。

② 控制元件是用来控制压缩空气的压力、流量和流动方向，以保证执行元件具有一定的输出力和速度，并按设计的程序正常工作。如压力阀、流量阀、方向阀和逻辑阀等。

③ 辅助元件是用于辅助保证气动系统正常工作的一些装置。如过滤器、干燥器、消声器和油雾器等。

如图5－1所示，原动机驱动空气压缩机1，空气压缩机将原动机的机械能转换为空气的压力能，元件2为后冷却器，元件3为除油器，元件4为干燥器，元件5为储气罐，它储存压缩空气并稳定压力。元件6为过滤器，元件7为调压器（减压阀），它用于将空气压力调节到气压传动装置所需的工作压力，并保持稳定。元件9为油雾器，用于将润滑油喷成雾状，悬浮于压缩空气内，使控制阀及气缸得到润滑。经过处理的压缩空气，经气压控制元件10，11，12，14和15控制进入气压执行元件13，推动活塞带动负载工作。气压传动系统的能源装置一般都安装在距控制、执行元件较远的压缩空气站内，压缩空气用管道输出给执行元件，而过滤器以后的部分一般都集中安装在气压传动工作机构附近，把各种控制元件按要求进行组合后构成气压传动回路。

图5－1　气压传动系统工作原理图

1—空气压缩机；2—后冷却器；3—除油器；4—干燥器；5—储气罐；6—过滤器；7—减压阀；8—压力表；
9—油雾器；10—二位三通手控换向阀；11—双压阀；12—二位五通气动换向阀；13—气缸；
14—单向节流阀；15—二位三通机动换向阀

2. 气压传动的特点

（1）气压传动的优点

气压传动的优点如表5－1所示。

表 5 - 1　气压传动优点

序号	优 点	主 要 内 容
1	清洁、便宜	气压传动的工作介质主要是压缩空气,它取之不尽用之不竭,用后的空气可以排到大气中去,不会污染环境。即气源的获取比较容易,在当今的工厂里,压缩空气输送管路像电气配线一样比比皆是。这是气压传动系统成本低的一个主要因素
2	压力损失小	气压传动的工作介质黏度很小,仅为油液的1%,所以流动阻力很小,压力损失小,便于集中供气和远距离输送。不像液压传动那样在每台机器附近要设置一个动力源,因此使用更方便
3	工作环境适应性好	气压传动在易燃、易爆、多尘埃、强辐射、强振动等恶劣工作环境下,仍能可靠地工作
4	较好的自保持能力	气压传动即使气源装置停止工作,或气阀关闭,气压传动系统仍可维持一个稳定压力。而液压传动要维持一定的压力,需要有能源装置工作或加蓄能器
5	无过载危险	气压传动在一定的超负载工况下运行也能保证系统安全工作,并不易发生过热现象
6	动作速度和反应快	液体在管道中流动速度为1~5 m/s,而气体流速可以大于10 m/s,甚至接近声速。因此在0.02~0.03 s内即可以达到所要求的工作压力和速度

（2）气压传动的缺点

① 气压传动系统的工作压力低,因此气压传动装置的推力一般不宜大于10~40 kN,仅适用于小功率场合,在相同输出力的情况下,气压传动装置比液压传动装置尺寸大。

② 由于空气的可压缩性大,气压传动系统的速度稳定性差,这样会给位置和速度控制精度带来误差。

③ 气压传动系统的噪声大,尤其是排气时,须加消音器。

④ 气压传动工作介质本身没有润滑性,如不采用无给油气压传动元件,需另加油雾器装置润滑,而液压系统无此问题。

3. 气压工作介质

气压传动的工作介质主要是指压缩空气。空气由若干种气体混合组成,主要有氮气（N_2）、氧气（O_2）及少量的氩气（Ar）和二氧化碳（CO_2）等。此外,空气中常含有一定量的水蒸气,把不含有水蒸气的空气称为干空气,把含有水蒸气的空气称为湿空气。

氮和氧是空气中含量比例最大的两种气体,它们的体积比近似于4∶1,因为氮气是惰性气体,具有稳定性,不会自燃,所以用空气作为工作介质可以用在易燃、易爆场所。

（1）空气性质

① 密度:单位体积内的空气质量称为密度。在绝对温度为273.16 K,绝对压力为1.013×10^5 Pa时空气的密度为1.293 kg/m³左右。

② 可压缩性和膨胀性:气体受压力的作用而使其体积发生变化的性质称为气体的可压缩性;气体受温度的影响而使其体积发生变化的性质称为气体的膨胀性。

气体的可压缩性和膨胀性比液体大得多,由此形成了气压传动与液压传动许多不同的特点。油液在温度不变的情况下，当压力为 0.2 MPa 时，压力每变化 0.1 MPa，其体积变化为 1/20 000；而在同样情况下，空气的体积变化为 1/2，即空气的可压缩性是油液的 10 000 倍。水在压力不变的情况下，温度每变化 1℃时，体积变化为 1/20 000；而空气在同样条件下，体积的改变为 1/273，即空气的膨胀性是水的 273 倍。

空气的可压缩性及膨胀性大，造成了气压传动的软特性，即气缸活塞的运动速度受负载变化影响很大，因此很难得到稳定的速度和精确的位移。这些都是气压传动的缺点。但同时又可利用这种软特性来适应某些生产要求。

③ 黏度：空气的黏度也是由于分子间的内聚力在分子间相对运动时产生的内摩擦力而表现出的性质。由于气体分子之间距离大，内聚力小，因此与液体相比，气体的黏度要小得多。空气的黏度仅与温度有关，而压力对黏度的影响小到可以忽略不计。与液体不同的是，气体的黏度随温度的升高而增加。

④ 湿度：在一定的温度和压力下，空气中的水蒸气的含量并不是无限的。当水蒸气的含量达到一定值时，再加入水蒸气，就会有冷凝水析出，此时水蒸气的含量达到最大值，即饱和状态，这种湿空气称为饱和湿空气。当空气中所含的水蒸气未达到饱和状态时，这种湿空气称为未饱和湿空气。

（2）对空气的要求

空气压缩机输出的压缩空气，虽然能满足气压传动系统工作时的压力和流量要求，但因所含的杂质较多，还不能直接给气压传动装置使用。气压传动系统中对压缩空气的主要要求有：在压缩空气中，不能含有过多的油蒸气；不能含有灰尘等杂质，以免阻塞气压传动元件的通道；空气的湿度不能过大，以免在工作中析出冷凝水，影响正常操作；对压缩空气必须进行净化处理，设置除油水、干燥、除尘等净化辅助设备。

一般来说，液压油液的污染是液压传动系统发生故障的主要原因，它严重地影响着液压传动系统工作的可靠性及液压元件的寿命。因此，液压油液的正确使用、管理以及污染控制是提高液压传动系统可靠性及延长液压元件使用寿命的重要手段。而对于气压传动系统来说，只要能满足对压缩空气的要求和进行必要的净化，通常来讲能使气压系统正常工作。

 任 务 实 施

① 查阅资料；
② 分析气动系统组成和特点。

 任 务 评 价

序　号	能力点	掌握情况	序　号	能力点	掌握情况
1	资料检索能力		3	工作原理理解	
2	类比能力				

思考与练习

1. 一个典型的气动系统由哪几部分组成？
2. 气压传动的特点是什么？
3. 气体的可压缩性对气缸的运动造成怎样的影响？
4. 气动系统对压缩空气有哪些质量要求？

任务二 气压传动组成部分结构原理分析

气压传动利用空气压缩机把电动机或其他原动机输出的机械能转换为空气的压力能，然后在控制元件的作用下，通过执行元件把压力能转换为直线运动或回转运动形式的机械能，从而完成各种动作，并对外做功。气压传动与液压传动具有类似性，对两者元件和回路对比学习，找出其共性和特性。

子任务一 气源装置的认识

任务目标

- 了解气源装置各组成部分的作用；
- 气源装置各组成部分工作原理；
- 能够正确操作气源装置。

任务描述

根据空气的成分以及系统对压缩空气的要求，理解气源装置组成，并操作设备实现工业用气供应。

知识与技能

气源装置包括压缩空气的发生装置以及压缩空气的存储、净化等辅助装置。它为气动系统提供合乎质量要求的压缩空气，是气动系统的一个重要组成部分。气源装置一般由气压发生装置、净化及储存压缩空气的装置和设备、传输压缩空气的管道系统和气动三联件四部分组成。如图 5-2 所示。空气压缩机 1 是用来产生压缩空气的。空气压缩机的吸气口装有过滤器，可以减少进入空气压缩机内的气体的灰尘。后冷却器 2 用来冷却空气压缩机排出的高温气体，使汽化的水和油凝结出来。油水分离器 3 用来分离并排出凝结出来的水滴、油滴和杂质等。储气罐 4 和 7 用来储存压缩空气，稳定压缩空气的压力，同时使压缩空气中的部分油分和水分沉积在储气罐底部以便除去。储气罐 4 输出的压缩空气可用于一般要求的气压传动系统，储气罐 7 输出的压缩空气可用于要求较高的气动系统（如气动仪表及射流元件组成的控制回路等）。干燥器 5 用来进一步吸收压缩空气中油分和水分，使之成为干燥空气。过滤器 6 用来进一步过滤压缩空气中的灰尘、杂质和颗粒。8 为加热器，可将空气加热，使热空气吹入闲置的干燥器中进行再生，以备两个干燥器交替使用。9 为四通阀，用于转换两个干燥器的工作状态。气动三联件的组成和布置由用气设备确定，图中没有画出。

图 5-2　气源装置的组成和布置示意图

1—空气压缩机；2—后冷却器；3—油水分离器；4、7—储气罐；
5—干燥器；6—过滤器；8—加热器；9—四通阀

1. 气压发生装置

（1）空气压缩机的分类

空气压缩机简称空压机，是气源装置的核心，用以将原动机输出的机械能转化为气体的压力能。空气压缩机有以下几种分类方法：

① 按工作原理分类（见表 5-2）。

表 5-2　空气压缩机类型

		往复式	活塞式
容积型，空气压力的提高是由于空气压缩机中气体的体积被缩小，使单位体积内气体分子的密度增加而形成	按结构原理分		膜片式
		回转式	滑片式
			螺杆式
			转子式
速度型，空气压力的提高是由空气的动能转换为压力能而得到的			离心式、轴流式、混流式

② 按输出压力 p 分类（见表5-3）。

表5-3 通风机、鼓风机和压缩机的压力范围

型式	排气压力范围/MPa
通风机	$p \leq 0.015$
鼓风机	$0.015 < p \leq 0.2$
低压空气压缩机	$0.2 < p \leq 1$
中压空气压缩机	$1 < p \leq 10$
高压空气压缩机	$10 < p \leq 100$
超高压空气压缩机	$p > 100$

（2）空气压缩机的工作原理

气动系统中最常用的是往复活塞式空压机，其工作原理如图5-3（a）所示。

（a）工作原理图　　　　　（b）图形符号

（c）实物

图5-3 活塞式空气压缩机工作原理图

1—气缸；2—活塞；3—活塞杆；4—滑块；5—曲柄连杆机构；6—吸气阀；7—排气阀

当活塞2向右运动时，由于左腔容积增加，压力下降，当压力低于大气压力时，吸气阀6被打开，气体进入气缸1内，此过程称为吸气过程。当活塞向左运动时，吸气阀6关闭，气缸内气体被压缩，压力升高，此过程即为压缩过程。当气缸内气体压力高于排气管道内的压力时，顶开排气阀7，压缩空气被排入排气管内，此过程称为排气过程。至此完成一个工作循环，电动机带动曲柄做回转运动，通过连杆、滑块、活塞杆，推动活塞做往复运动，空气压缩机就连续输出高压气体。

（3）空气压缩机的选用原则

选择空气压缩机的依据：气动系统所需的工作压力和流量两个主要参数。气源装置的工作压力应比气动系统中的最高工作压力高20%左右，因为要考虑供气管道的沿程损失

和局部损失。如果系统中某些地方的工作压力要求较低，可以采用减压阀来供气。一般气动系统的工作压力为 0.4～0.8 MPa，故常选用低压空气压缩机，特殊需要亦可选用中、高压或超高压空气压缩机。

输出流量的选择，要根据整个气动系统对压缩空气的需要再加一定的备用余量，作为选择空气压缩机（或机组）流量的依据。空气压缩机铭牌上的流量是自由空气流量。

（4）空气压缩机的管理

为了使空气压缩机经常保持稳定状态运转，其日常检查项目有：

① 是否向后冷却器供给冷却水。

② 空气压缩机的发热是否异常。

③ 卸载压力继电器动作是否正常，压力继电器设定值是否适当。

④ 空气压缩机是否发出异常声音。

⑤ 润滑油量是否正常，是否使用了规定的润滑油。

⑥ 吸入端的过滤器网眼是否堵塞。

⑦ 溢流阀动作是否正常，设定值是否合理。

⑧ 压力计指示压力是否正常，压力计是否失常。

⑨ 储气罐的排水器工作是否正常。

2. 压缩空气的净化、储存装置

像液压系统对液压油的洁净程度有较高要求一样，气动系统对压缩空气也有较高的质量要求，由空气压缩机排出的空气不能直接被气动装置使用。空气压缩机从大气中吸入含有水分和灰尘的空气，经压缩后空气的温度提高到 140～170 ℃，此时空气压缩机里的润滑油也部分变成气态。这样空气压缩机排出的压缩空气就是含有油分、水分及灰尘的高温气体。如果将这种压缩空气直接送给气动系统，将会产生下列影响：

① 汽化后的润滑油会形成一种有机酸，腐蚀设备。同时油蒸气也是易燃物，有引起爆炸的危险。

② 混在压缩空气中的杂质沉积在管道和元件通道内，减小了通流截面面积，增加流通阻力。也可能堵塞气动元件的一些小尺寸通道，导致气体压力信号不能正常传递，造成整个系统工作失效。

③ 压缩空气中的饱和水分会在一定条件下凝结成水，并集聚在系统中一些部位，对元件和管道有锈蚀作用。

④ 压缩空气中的灰尘等杂质会磨损气缸、气动马达和气动换向阀中的相对运动表面，降低系统的使用寿命。

由此可见，对空气压缩机排出的压缩空气进行净化处理是十分必要的。因此必须设置一些除油、除水、除尘以提高压缩空气质量、进行气源净化处理的辅助设备。

压缩空气净化设备一般包括：后冷却器、油水分离器、储气罐和干燥器。

① 后冷却器：后冷却器安装在空气压缩机排气口管道上，空气压缩机排出具有 140～170 ℃ 的压缩空气经过后冷却器，温度降至 40～50 ℃。这样就可使压缩空气中油雾和水汽达到饱和使其大部分凝结成滴而析出。后冷却器的结构形式有：蛇形管式、列管式、散热片式和套管式等，冷却方式有水冷式和气冷式两种。蛇形管式和列管式后冷却器结构及其图形符号如图 5－4 所示。

(a) 蛇形管式　　　　　　　　　　(b) 列管式

图 5－4　后冷却器

② 油水分离器：油水分离器安装在后冷却器后的管道上，作用是分离压缩空气中所含的水分、油分等杂质，使压缩空气得到初步净化。油水分离器的结构形式有环形回转式、撞击折回式、离心旋转式、水浴式以及以上形式的组合使用等。油水分离器主要利用回转离心、撞击、水浴等方法使水滴、油滴及其他杂质颗粒从压缩空气中分离出来。撞击折回式油水分离器结构形式如图 5－5 所示。

③ 储气罐：储气罐的主要作用是储存一定数量的压缩空气，减少空气压缩机输出气流脉动，增加气流连续性，减弱空气压缩机排出气流脉动引起的管道振动；进一步分离压缩空气中的水分和油分。储气罐一般采用焊接结构，可做成立式和卧式，由于立式占地面积小，便于排污操作，故一般采用立式。在设计时为了更好地分离水分、油分等杂质，常使其进气管在下，出气管在上。此外每个储气罐上都应考虑安装压力表或安全阀，并开有手孔，以便清理。底部应装有排放污水的阀门。储气罐的结构如图 5－6 所示。

④ 干燥器：干燥器一般安装在冷却器和储气罐之后，用来进一步除去压缩空气中含有的水分、油分和颗粒杂质等，使压缩空气干燥，提供的压缩空气用于对空气质量要求较高的气动装置、气动仪表等。压缩空气干燥方法主要采用冷冻式、吸附式、吸收式和中空模式等方法。冷冻式干燥器的结构如图 5－7 所示。

图 5-5 撞击折回式油水分离器

图 5-6 储气罐的结构图

图 5-7 冷冻式干燥器的结构图

3. 管道系统

（1）管道系统包括管道和管接头

① 管道：气动系统中常用的管道有硬管和软管。硬管以钢管和紫铜管为主，常用于高温高压和固定不动的部件之间连接。软管有各种塑料管、尼龙管和橡胶管等，其特点是经济、拆装方便、密封。

② 管接头：管接头是连接、固定管道所必需的辅件，分为硬管接头和软管接头两类。硬管接头有螺纹连接及薄壁管扩口式卡套连接，与液压用管接头基本相同，对于通径较大的气动设备、元件、管道等可采用法兰连接。

（2）管道系统的选择

气源装置管道的管径大小是根据压缩空气的最大流量和允许的最大压力损失决定的。为避免压缩空气在管道内流动时压力损失过大，空气主管道流速应在 6~10 m/s（相应压力损失小于 0.03 MPa），用气车间空气流速应不大于 10~15 m/s，并限定所有管道内空气流速不大于 25 m/s，最大不得超过 30 m/s。

管道壁厚的选择主要是考虑强度问题，可查相关手册选用。

（3）管道系统的设计和布置

① 管道系统设计计算的原则：气源装置管道管径大小是根据压缩空气的最大流量和允许的最大压力损失决定的。空气主管道流速应在 6～10 m/s，分支管道中的空气流速一般不大于 25 m/s。管道壁厚的选择主要考虑强度问题，可查相关手册选用。

② 管道系统布置的主要原则：

a. 管道系统的布置应尽量与其他管网（如水管、煤气管、暖气管等）和电线的布置统一协调；

b. 主空气管道应顺气流流动方向向下倾斜 3°～5°，并在管道的终点（最低点）设置集水罐，定期排放积水和污物；

c. 支管道必须在主管道的上部采用大角度拐弯后再向下引出，可以防止积水流入支管，如图 5-8 所示；

d. 如果管道较长，可以在靠近用气设备近处安装一个适当的储气罐，以满足大的间断供气量。

4. 气动三联件

在气动技术中，空气过滤器、减压阀和油雾器是三种气源处理元件，组装在一起称为气动三联件。若将空气过滤器和减压阀设计成一个整体，称为气动二联件。气动三联件是多数气动系统中不可缺少的气源装置，安装在用气设备近处，是压缩空气质量的最后保证。

图 5-8　管道布置示意图

1—主管；2—支管；3—集水罐；4—阀门；
5—过滤器；6—减压阀

（1）空气过滤器

空气过滤器的作用是滤除压缩空气中的水分、油滴及灰尘，以达到气动系统所要求的净化程度。它属于二次过滤器，与减压阀，油雾器一起构成气动三联件，安装在气动系统的入口处。

① 工作原理：图 5-9 为普通空气过滤器（二次过滤器）的结构图。压缩空气从输入口进入后，被引入旋风叶子 1，旋风叶子上有许多成一定角度的缺口，迫使空气沿切线方向产生强烈旋转。这样夹杂在空气中的较大水滴、油滴和灰尘便依靠自身的惯性与存水杯 3 的内壁碰撞，并从空气中分离出来沉到杯底。而微粒灰尘和雾状水汽则由滤芯 2 滤除；为防止空气旋转将存水杯中积存的污水卷起，在滤芯下部设挡水板 4；为保证空气过滤器正常工作，必须及时将存水杯 3 中的污水通过手动排水阀 5 放掉。

空气过滤器要根据气动设备要求的过滤精度和自由空气流量来选用。空气过滤器一般装在减压阀之前，也可单独使用；要按壳体上的箭头方向正确连接其进、出口，不可将进、出口接反，也不可将存水杯朝上倒装。

图 5 - 9　普通空气过滤器（二次过滤器）的结构图
1—旋风叶子；2—滤芯；3—存水杯；4—挡水板；5—手动排水芯阀

② 主要性能指标。

a. 过滤度指允许通过的杂质颗粒的最大直径，可根据需要选择相应的过滤度。

b. 水分离率指分离水分的能力，定义为

$$\eta = \frac{\varphi_1 - \varphi_2}{\varphi_1}$$

式中：φ_1 和 φ_2——分水滤气器前、后空气的相对湿度。

规定分水滤气器的水分离率不小于 65% 。

c. 流量特性表示一定压力的压缩空气进入空气过滤器后，其输出压力与输入流量之间的关系。在额定流量下，输入压力与输出压力之差不超过输入压力的 5% 。

（2）油雾器

油雾器是一种特殊的注油装置，它以压缩空气为动力，将润滑油喷射成雾状并混合于压缩空气中，使压缩空气具有润滑气动元件的功能。目前气动控制阀、气缸和气动马达主要是靠这种带有油雾的压缩空气来实现润滑的，其优点是方便、干净、润滑质量高。

① 工作原理和结构：图 5 - 10 是油雾器的结构图。当压缩空气从输入口进入后，通过喷嘴 1 下端的小孔进入阀座 4 的腔室内，在截止阀的钢球 2 上下表面形成压力差。由于泄漏和弹簧 3 的作用，钢球处于中间位置，压缩空气进入存油杯 5 的上腔，油面受压，压力油经吸油管 6 将单向阀 7 的钢球顶起，钢球上部管道有一个方形小孔，钢球不能将上部管道封死，压力油不断流入视油器 9 内，再滴入喷嘴 1 中，被主管道气流从上面的小孔引射出来，雾化后从输出口输出。节流阀 8 可以调节油量，使油滴量在每分钟 0 ~ 120 滴的范围内变化。

② 主要性能指标。

a. 流量特性：表示在给定进口压力下，随着空气流量的变化，油雾器进、出口压力的变化情况。

图 5 – 10　油雾器的结构图

1—喷嘴；2—钢球；3—弹簧；4—阀座；5—存油杯；6—吸油管；
7—单向阀；8—节流阀；9—视油器；10、12—密封垫；11—油塞

b. 起雾油量：存油杯中油位处于正常工作油位，油雾器进口压力为规定值，油滴量约为每分钟 5 滴（节流阀处于全开）时的最小空气流量。

油雾器的选择主要根据气压系统所需额定流量和油雾粒度大小来确定油雾器的形式和通径，所需油雾粒度在 50 μm 左右，选用普通型油雾器。油雾器一般安装在减压阀之后，尽量靠近换向阀；油雾器进出口不能接反，使用中一定要垂直安装，存油杯不可倒置。油雾器可以单独使用，也可以与空气过滤器、减压阀一起构成气动三联件联合使用。油雾器的给油量应根据需要调节，一般 10 m³ 的自由空气供给 1 mL 的油量。

（3）减压阀

气动三联件中所用的减压阀，起减压和稳压作用，工作原理与液压系统减压阀相同。

（4）气动三联件的安装次序

气动系统中气动三联件的安装次序如图 5 – 11 所示。气压传动系统中，有些品牌的电磁阀和气缸能够实现无油润滑（靠润滑脂实现润滑功能），便不需要使用油雾器。气动三联件是多数气动系统中不可缺少的气源装置，安装在用气设备近处，是压缩空气质量的最后保证。气动三联件的安装顺序依进气方向分别为空气过滤器、减压阀和油雾器。空气过滤器和减压阀组合在一起可以称为气动二联件，还可以将空气过滤器和减压阀集装在一起，便成为过滤减压阀（功能与空气过滤器和减压阀结合起来使用一样）。有些场合不能允许压缩空气中存在油雾，则需要使用油雾分离器将压缩空气中的油雾过滤掉。总之，这几个元件可以根据需要进行选择，并可以将它们组合起来使用。

图 5-11　气动三联件的安装次序图、结构图及图形符号

1—空气过滤器；2—减压阀；3—油雾器；4—压力表

目前新结构的气动三联件插装在同一支架上，形成无管化连接。其结构紧凑、装拆及更换元件方便，应用普遍。

空气过滤器用于对气源的清洁，可过滤压缩空气中的水分，避免水分随气体进入装置。

减压阀可对气源进行稳压，使气源处于恒压状态，可减小因气源气压突变时对阀门或执行元件等硬件的损伤。

油雾器可对机体运动部件进行润滑，使不方便加润滑油的部件得到润滑，大大延长机体的使用寿命。

气动三联件使用说明：

① 过滤器排水有压差排水与手动排水两种方式。手动排水时当水位达到滤芯下方水平面之前必须排出。

② 压力调节时，在转动旋钮前请先拉起再旋转，然后压下旋转钮定位。旋钮向右旋转为调高出口压力，向左旋转为调低出口压力。调节压力时应逐步均匀地调至所需压力值，不应一步调节到位。

③ 油雾器的使用方法：油雾器使用 JISK2213 输机油（ISOVg32 或同级用油）。加油量请不要超过存水杯 80%。数字 0 为油量最小，9 为油量最大。自 9 至 0 位置不能旋转，须顺时针旋转。

气动三联件注意事项：

① 部分零件使用 PC（聚碳酸酯）材质，禁止接近或在有机溶剂环境中使用。PC 零件清洗请用中性清洗剂。

② 使用压力请勿超过其使用范围。

③ 当出口风量明显减少时，应及时更换滤芯。

5. 消声器

气缸、气动马达及气阀等排出的压缩空气速度较高，压缩空气接触大气，体积急剧膨胀，引起气体振动，产生强烈的排气噪声，排气速度和功率越大，产生的噪声也越大，有时可达 100~120 dB。噪声是一种公害，为了保护人体健康，噪声高于 90 dB 时必须设法降低。消声器就是通过阻尼或增加排气等方法降低排气速度和功率，达到降低噪声的目的。常用的消声器有三种形式：吸收型、膨胀干涉型和膨胀干涉吸收型。

吸收型消声器是依靠吸声材料来消声的。吸声材料有玻璃纤维、毛毡、泡沫塑料、烧结材料等。将这些材料装于消声器体内，使气流通过时受到阻力，声波被吸收，一部分转化为热能，可使气流噪声降低约 20 dB，主要用于消除小、高频噪声。在气压发生装置中得到广泛应用。膨胀干涉型消声器的结构很简单，相当于一段比排气孔大的管件。当气流通过时，让气流在其内部扩散、膨胀、碰壁冲击、反射、互相干涉而消声。主要用于消除小、低频噪声，尤其是低频噪声。膨胀干涉吸收型消声器是上述两种消声器的组合，又称混合型消声器。气流由斜孔引入，气流束互相冲击、干涉，进一步减速，再通过反射到消声器内壁的吸声材料排向空气。这种消声器消声效果好，低频可消声 20 dB，高频可消声约 45 dB。消声器选择的主要依据是排气孔直径的大小及噪声频率范围。

任务实施

① 熟悉实验室操作规程，掌握文明操作要求事项；
② 按照操作规程顺序开启气源装置；
③ 调定气动系统进口压力 0.6 MPa；
④ 掌握空气压缩机使用方法，保养规程。

任务评价

序 号	能力点	掌握情况	序 号	能力点	掌握情况
1	安全操作		4	组成部分划分	
2	功能理解		5	元件识别	
3	原理图识别				

思考与练习

1. 气动系统主要依靠哪些设备保证气动系统的压缩空气质量？简述这些设备的工作原理。

2. 空气压缩机分类方法有哪些？在设计气动系统中如何选用空气压缩机？

3. 什么是气动三联件？各起什么作用？

4. 气动三联件的连接顺序是什么？为什么这样连接？

5. 在压缩空气站中，为什么既有油水分离器，又有油雾器？

子任务二　使用气动执行元件

看看气动执行元件是怎么工作的！

任务目标

- 能够按工作要求选用合适的气动执行元件；
- 熟悉各组成元件的作用及所属归类；
- 能够正确连接气动执行元件并实现工作要求。

任务描述

图 5 – 12 所示为一个生产线位置转换装置，请选择合适的气动执行元件进行控制，按照要求在试验台上进行回路连接。

图 5 – 12　生产线位置转换装置

知识与技能

气动执行元件是将压缩空气的压力能转换为机械能的装置，包括气缸和气动马达。

1. 气缸

气缸是气动系统的执行元件之一。它是将压缩空气的压力能转换为机械能并驱动工作机构做往复直线运动或摆动的装置。与液压缸比较，它具有结构简单、制造容易、工作压力低和动作迅速等优点，故应用十分广泛。

（1）气缸的分类

气缸种类很多，结构各异，分类方法也很多，常见的有以下几种：

① 按压缩空气在活塞端面作用力的方向不同分为单作用气缸和双作用气缸，如图 5 – 13 所示；

（a）双作用气缸　　　（b）双作用气缸（实训用）　　　（c）单作用气缸（实训用）

图 5 – 13　气缸

② 按结构特点不同分为活塞式、薄膜式、柱塞式和摆动式气缸等；

③ 按安装方式不同可分为耳轴式、法兰式、螺纹式、耳环式和脚架式气缸，如图 5 – 14 所示；

④ 按功能分为普通式、缓冲式、气 – 液阻尼式、冲击和步进气缸等。

脚架安装　　　　　　　　　　　螺纹安装

前法兰安装　　　　　　　　　　后法兰安装

前耳轴安装　　　　　　　　　　中间耳轴安装

后耳环安装

图 5 – 14　气缸安装位置图

（2）气缸的工作原理和用途

大多数气缸的工作原理与液压缸相同，以下介绍几种具有特殊用途的气缸。

① 薄膜式气缸：薄膜式气缸是一种利用膜片在压缩空气作用下产生变形来推动活塞杆做直线运动的气缸。图 5 – 15 为薄膜式气缸结构简图。它可以是单作用的，也可以是双作用的。它主要由缸体、膜片、膜盘和活塞杆等零件组成。薄膜式气缸的膜片有盘形膜片和平膜片两种，一般用夹织物橡胶制成，厚度为 5 ~ 6 mm，也可用钢片、锡磷青铜片制成，但仅限于在行程较小的薄膜式气缸中使用。薄膜式气缸与活塞式气缸相比较，具有结构紧凑、简单、成本低、维修方便、使用寿命长和效率高等优点。但因膜片的变形量有限，其行程较短，一般不超过 40 ~ 50 mm，且薄膜式气缸活塞上的输出力随行程的增大而减小，因此它的应用范围受到一定限制，适用于气动夹具、自动调节阀及其他短行程工作场合。

② 冲击气缸：冲击气缸是把压缩空气的压力能转换为活塞和活塞杆的高速运动，输出动能，产生较大的冲击力，冲击工件做功的一种气缸。

冲击气缸结构简单、成本低，耗气功率小，且能产生相当大的冲击力，应用十分广泛。它可完成下料、冲孔、弯曲、打印、铆接、模锻和破碎等多种作业。为了有效地应用冲击气缸，应注意正确地选择工具，并精确地确定冲击气缸尺寸，选用适当的控制回路。

③ 标准化气缸：我国目前已生产出五种从结构到参数都已经标准化、系列化的气缸（简称标准化气缸）供用户优先选用，在生产过程中应尽可能使用标准化气缸，这样可使产品具有互换性，给设备的使用和维修带来方便。

图 5−15　薄膜式气缸结构简图

1—缸体；2—膜片；3—膜盘；4—活塞杆

a. 标准化气缸的系列和标记：标准化气缸的标记是用符号 QG 表示气缸，用符号 A、B、C、D、H 表示五种系列。具体的标志方法如下：

| QG | A、B、C、D、H | 缸径×行程 |

五种标准化气缸的系列如下：

QGA——无缓冲普通气缸；　　　QGB——细杆（标准杆）缓冲气缸；

QGC——粗杆缓冲气缸；　　　　QGD——气 – 液阻尼气缸；

QGH——回转气缸。

例如，标记为 QGA80×100，表示气缸的直径为 80 mm，行程为 100 mm 的无缓冲普通气缸。

b. 标准化气缸的主要参数：标准化气缸的主要参数是缸径 D 和行程 S。缸径标志了气缸活塞杆的输出力，行程标志了气缸的作用范围。

标准化气缸的缸径 D（单位 mm）有下列 11 种规格：40，50，63，80，100，125，160，200，250，320，400。

标准化气缸的行程 S：无缓冲气缸和气 – 液阻尼缸，取 $S = (0.5 \sim 2) D$；有缓冲气缸，取 $S = (1 \sim 10) D$。

2. 气动马达

气动马达是将压缩空气的压力能转换成旋转的机械能的装置。气动马达有叶片式、活塞式、齿轮式等多种类型，在气压传动中使用最广泛的是叶片式和活塞式气动马达，现以叶片式气动马达为例简单介绍气动马达的工作原理。

图 5 – 16 为双向旋转叶片式气动马达的结构示意图。当压缩空气从进气口进入气室后立即喷向叶片 1，作用在叶片的外

图形符号

图 5 – 16　双向旋转叶片式气动马达

1—叶片；2—转子；3—定子

伸部分，产生转矩带动转子2做逆时针转动，输出机械能。若进气、出气口互换，则转子反转，输出相反方向的机械能。转子转动的离心力和叶片底部的气压力、弹簧力（图中未画出）使得叶片紧贴在定子3的内壁上，以保证密封，提高容积效率。叶片式气动马达主要用于风动工具，高速旋转机械及矿山机械等。气动马达的突出特点是具有防爆、高速等优点，也有其输出功率小、耗气量大、噪声大和易产生振动等缺点。

图5-17 位置转换
装置气动原理图

任务实施

① 熟悉实训室操作规程，掌握文明操作要求事项；

② 理解生产线位置转换装置中气动举升缸所实现的功能；

③ 读懂图5-17系统原理图；

④ 找出对应的功能元件；

⑤ 按照要求完成安装并运行。

任务评价

序 号	能力点	掌握情况	序 号	能力点	掌握情况
1	安全操作		4	元件识别	
2	功能理解		5	系统安装	
3	原理图识别				

思考与练习

1. 气缸的安装形式有哪些？
2. 简述叶片式气动马达的工作原理。

子任务三 使用气动控制元件

任务目标

掌握气动系统控制元件的工作原理很重要！

- 能够按工作要求选用合适的气动控制元件；
- 能够熟悉各组成元件的作用及所属归类；
- 能够正确连接气动控制元件并实现工作要求。

任务描述

图 5 – 18 所示为一个用于实现冲压折边机冲压运动的气动系统原理图，请正确指出该系统的各功能部分，并正确识别各图形符号所对应的元件，按照要求在试验台上进行回路连接。

图 5 – 18　冲压折边机冲压运动的气动系统原理图

知识与技能

气动控制元件按其功能和作用分为压力控制阀、流量控制阀和方向控制阀三大类。此外，还有通过控制气流方向和通断实现各种逻辑功能的气动逻辑元件等。

1. 压力控制阀和基本压力控制回路

压力控制阀主要有减压阀、溢流阀和顺序阀。图 5 – 19 为压力控制阀（直动型）图形符号。它们都是利用作用于阀芯上的流体（空气）压力和弹簧力相平衡的原理来进行工作的。而在气压传动中，一般都是由空气压缩机将空气压缩后储存于储气罐中，然后经管路输送给各传动装置使用。储气罐提供的空气压力高于每台装置所需的压力，且压力波动较大。因此必须在每台装置入口处设置一减压阀，以便将入口处的空气压力降低到所需的压力，并保持该压力值的稳定。图 5 – 20 所示为 QTY 型直动型调压阀（减压阀）。调节手柄 1 以控制阀口开口的大小，即可控制输出压力的大小。

压力控制回路的功用是使系统保持在某一规定的压力范围内。常用的有一次压力控制回路，二次压力控制回路和高低压转换回路。

（a）调压阀（减压阀）　　　（b）顺序阀　　　（c）安全阀（溢流阀）

图 5 – 19　压力控制阀（直动型）图形符号

图 5 – 20　QTY 型直动型调压阀（减压阀）

1—手柄；2、3—调压弹簧；4—溢流口；5—膜片；6—阀杆；7—阻尼孔；8—阀芯；9—阀座；10—复位弹簧；11—排气孔

（1）一次压力控制回路

图 5 – 21 所示为一次压力控制回路。此回路用于控制储气罐的压力，使之不超过规定的压力值。常用外控溢流阀 1 或用电接点压力表 2 来控制空气压缩机的转、停，使储气罐内压力保持在规定范围内。采用溢流阀，结构简单，工作可靠，但气量浪费大；采用电接点压力表对电动机及空气压缩机控制要求较高，常用于对小型空气压缩机的控制。

（2）二次压力控制回路

图 5 – 22 所示为二次压力控制回路，图 5 – 22
（a）是由气动三联件组成的，主要由溢流减压阀来实现压力控制；图 5 – 22（b）是由减压阀和换向阀构成的对同一系统实现输出高低压力 p_1、p_2 的控制；图 5 – 22（c）是由减压阀来实现对不同系统输出不同压力 p_1、p_2 的控制。为保证气动

图 5 – 21　一次压力控制回路

1—外控溢流阀；2—电接点压力表

系统使用的气体压力为一稳定值，多用空气过滤器、减压阀、油雾器（气动三联件）组成的二次压力控制回路，但要注意，供给逻辑元件的压缩空气不要加入润滑油。

（a）由溢流减压阀控制压力　　　（b）由减压阀和换向阀控制高低压力　　　（c）由减压阀控制高低压力

图 5-22　二次压力控制回路

（a）结构示意图

（b）图形符号

图 5-23　排气节流阀

2. 流量控制阀与速度控制回路

流量控制阀主要有节流阀，单向节流阀和排气节流阀等，都是通过改变控制阀的通流截面面积来实现流量控制的元件。因此，只以排气节流阀为例介绍流量阀的工作原理。如图 5-23 所示，空气从 A 口进入阀内，由节流口 1 节流后经消声器 2 排出。因而它不仅能调节执行元件的运动速度，还能起到降低排气噪声的作用。排气节流阀通常安装在换向阀的排气口处与换向阀联用，起单向节流阀的作用。

速度控制回路气动系统因使用的功率都不大，所以主要的调速方法是节流调速。

（1）单向调速回路

图 5-24 所示为双作用缸单向调速回路。图 5-24（a）为供气节流调速回路。在图示位置时，当气控换向阀不换向时，进入气缸 A 腔的气流流经节流阀，B 腔排出的气体直接经换向阀快排。节流阀开口较小时，由于进入 A 腔的流量较小，压力上升缓慢。当气压达到能克服负载时，活塞前进，此时 A 腔容积增大，结果使压缩空气膨胀，压力下降，使作用在活塞上的力小于负载，因而活塞停止前进。待压力再次上升时，活塞才再次前进。这种由于负载及供气的原因使活塞忽走忽停的现象，称为气缸的爬行。所以供气节流调速回路的不足之处主要表现为：一是当负载方向与活塞的运动方向相反时，活塞运动易出现不平稳现象，即爬行现象；二是当负载方向与活塞运动方向一致时，由于排气经换向阀快排，几乎没有阻尼，负载易产生跑空现象，使气缸失去控制。所以供气节流调速回路多用于垂直安装的气缸的供气回路中，在水平安装的气缸供气回路中一般采用图 5-24（b）所示的排气节流调速回路。由图示位置可知，当气控换向阀不换向时，从气源来的压缩空气经气控换向阀直接进入气缸的 A 腔，而 B 腔排出的气体必须经节流阀到气控换向阀而排入大气，因而 B 腔中的气体就具有一定的压力。此时活塞在 A 腔与 B 腔的压力差作用下前进，减少了爬行发生的可能性，调节节流阀的开口大小，就可控制不同的排气速度，从而也就控制了活塞的运动速度。排气节流调速回路具有下述特点：

（a）供气节流调速回路　　　　（b）排气节流调速回路

图 5 − 24　双作用缸单向调速回路

① 气缸速度随负载变化较小，运动较平稳；

② 能承受与活塞运动方向相同的负载（反向负载）。

（2）双向调速回路

图 5 − 25 所示为双向调速回路，图 5 − 25（a）所示为采用单向节流阀式的双向节流调速回路。图 5 − 25（b）所示为采用排气节流阀的双向节流调速回路。它们都是采用排气节流调速方式，当外负载变化不大时，进气阻力小，负载变化对速度影响小，比供气节流调速回路效果要好。

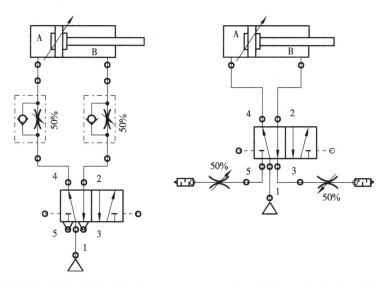

（a）采用单向节流阀式的双向节流调速回路　　（b）采用排气节流阀的双向节流调速回路

图 5 − 25　双向调速回路

3. 方向控制阀与常用方向控制回路

气动方向控制阀按其作用特点可分为单向型和换向型两种，其阀芯结构主要有截止式和滑阀式。

（1）单向型方向控制阀

单向型方向控制阀包括单向阀、或门型梭阀、与门型梭阀和快速排气阀。其中单向阀与液压单向阀类似。

① 或门型梭阀在气压传动系统中，当两个通路 P_1 和 P_2 均与另一通路 A 相通，而不允许 P_1 与 P_2 相通时，就要用或门型梭阀，如图 5 - 26 所示。由于阀芯像织布梭子一样来回运动，因而称为梭阀，该阀相当于两个单向阀的组合。在逻辑回路中，它起到或门的作用。

如图 5 - 26（a）所示，当 P_1 进气时，将阀芯推向右边，通路 P_2 被关闭，于是气流从 P_1 进入通路 A。反之，气流则从 P_2 进入 A，如图 5 - 26（b）所示。当 P_1，P_2 同时进气时，哪端压力高，A 就与哪端相通，另一端就自动关闭。图 5 - 26（c）为该阀的图形符号。

图 5 - 26　或门型梭阀

② 与门型梭阀又称双压阀，该阀只有当两个输入口 P_1、P_2 同时进气时，A 口才能输出。图 5 - 27 所示为与门型梭阀，P_1 或 P_2 单独输入时，如图 5 - 27（a）、（b）所示，此时 A 口无输出，只有当 P_1，P_2 同时有输入时，A 口才有输出，如图 5 - 27（c）所示。当 P_1，P_2 气体压力不等时，则气压低的通过 A 口输出。图 5 - 27（d）所示为该阀的图形符号。

③ 快速排气阀又称快排阀。它是为加快气缸活塞运动作快速排气用的。图 5 - 28 所示为膜片式快速排气阀。当 P 口进气时，膜片被压下封住排气口，气流经膜片四周小孔，由 A 口排出，同时关闭下口。当气流反向流动时，A 口气压将膜片顶起封住 P 口，A 口气体经 T 口迅速排掉。

图 5 - 27　与门型梭阀　　　　　　图 5 - 28　膜片式快速排气阀

（2）换向型方向控制阀

换向型方向控制阀（简称换向阀）的功能与液压的同类阀相似，操作方式、切换位置和图形符号也基本相同。图5-29为二位三通电磁换向阀结构原理图。常用方向控制回路有：

① 单作用气缸换向回路，详述如下：

图5-30（a）所示为由二位三通电磁阀控制的换向回路，通电时，活塞杆伸出；断电时，在弹簧力作用下活塞杆缩回。

图5-30（b）所示为由三位五通电磁阀控制的换向回路，该阀具有自动对中功能，可使气缸停在任意位置，但定位精度不高、定位时间不长。

图5-29　二位三通电磁换向阀结构原理图　　　　图5-30　单作用气缸换向回路

② 双作用气缸换向回路，详述如下：

图5-31（a）为小通径的手动换向阀控制二位五通主控阀控制气缸换向回路；图5-31（b）为二位五通双电控阀控制气缸换向回路；图5-31（c）为两个小通径的手动阀控制二位五通主控阀从而控制气缸换向回路；图5-31（d）为三位五通阀控制气缸换向回路，该回路有中停功能，但定位精度不高。

图5-31　双作用气缸换向回路

任务实施

① 熟悉实训室操作规程，掌握文明操作要求事项；

② 理解气压系统所实现的功能；

③ 读懂气压系统原理图；

④ 找出对应的功能元件；

⑤ 按照要求完成安装。

来研究一下！

任务评价

序　号	能力点	掌握情况	序　号	能力点	掌握情况
1	安全操作		4	组成部分划分	
2	功能理解		5	元件识别	
3	原理图识别		6	系统安装	

思考与练习

1. 气动系统中常用的压力控制回路有哪些？其功用如何？

2. 供气节流阀速回路与排气节流调速回路有什么区别？

3. 气缸产生爬行现象的原因是什么？

4. 气动换向阀与液压换向阀有什么区别？

任务三　气压传动常用回路分析及应用

气动回路与液压回路相比有几个基本的不同点，这都是由气体与液体性质不同而引起的，因此在应用或设计气动回路时应当慎重考虑。

① 空压机等气压发生装置的规格，多数情况与气动回路设计无直接关系。

② 气动回路中不设回气管道。

③ 管道的长短不是妨碍使用气动回路的根本原因，100 m 以外的设备使用气动回路的例子很多。

④ 气动元件的安装位置对其功能影响很大，对油雾器等的安装位置更应特别注意。

子任务一　常用气动回路及 FluidSIM 气动系统仿真与调试

任务目标

- 能够按工作要求选用合适的气动控制元件；
- 能够熟悉各组成元件的作用及所属归类；
- 能够正确连接气动控制元件并实现工作要求；
- 应用 FluidSIM 软件。

来看看怎么安装系统，还是很有趣的！

任务描述

图 5-18 所示为一个用于实现冲压折边机冲压运动的气动系统原理图，请正确指出该系统的各功能部分，并正确识别各图形符号所对应的元件，按照要求在试验台上进行回路连接。根据工作要求，设计系统的气动回路，应用 FluidSIM 软件对气动回路进行仿真；分组讨论、分析、评价、优化设计方案。

知识与技能

1. 安全保护回路

若气动回路负荷过载或气压突然降低以及气动执行元件的快速动作等原因都可能危及操作人员或设备的安全，因此在气动回路中，常常要加入安全回路。需要指出的是，在设计任何气动回路时，特别是安全回路，都不可缺少空气过滤器和油雾器。因为污脏空气中的杂物，可能堵塞阀中的小孔和通路，使管道发生故障。缺乏润滑油时，很可能使阀发生卡死或磨损，以致整个系统的安全都发生问题。下面介绍几种常用的安全保护回路。

① 过载保护回路：图 5-32 所示为过载保护回路。按下手动换向阀 1，在活塞杆伸出的过程中，若遇到挡板 6，无杆腔压力升高，打开顺序阀 3，使气动换向阀 2 换向，气动换向阀 4 随即复位，活塞立即退回，实现过载保护。若无挡板 6，气缸向前运动时压下行程阀 5，活塞即刻返回。

② 互锁回路：图 5-33 所示为互锁回路。在该回路中，四通阀的换向受三个串联的机动三通阀控制，只有三个阀都接通，主控阀才能换向。

③ 双手同时操作回路：所谓双手同时操作回路就是使用两个手动阀为启动阀，只有同时按动两个阀才动作的回路。这种回路可确保安全，常用在锻造、冲压机械上，可避免产生误动作，以保护操作者的安全。图 5-34 所示为双手同时操作回路。图 5-34 (a) 使用逻辑与回路，为使气动换向阀 3 换向，必须使压缩空气信号进入气动换向阀 3 左侧，为此必须使两只三通手动换向阀 1 和 2 同时换向，而且这两只阀必须安装在单手不能同时操

223

作的位置上。在操作时，如任何一只手离开时则控制信号消失，主控阀复位，活塞杆后退。图 5－34（b）所示的是使用三位主控阀的双手同时操作回路。把此气动换向阀 4 的信号 A 作为手动换向阀 5 和 6 的逻辑与回路信号，亦即只有手动阀 5 和 6 同时动作时，主控阀 1 换向到上位，活塞杆前进；把信号 B 作为手动换向阀 5 和 6 的逻辑或非回路信号，即当手动换向阀 5 和 6 同时松开时（图示位置），气动换向阀 4 换向到下位，活塞杆返回，若手动换向阀 5 或 6 任何一个动作，将使主控阀复位到中位，活塞杆处于停止状态。

图 5－32　过载保护回路

1—手动换向阀；2，4—气动换向阀；3—顺序阀；
5—行程阀；6—挡板

图 5－33　互锁回路

（a）　　　　　　　　　　　　　（b）

图 5－34　双手同时操作回路

1、2、5、6—手动换向阀；3、4—气动换向阀

2. 延时回路

图 5－35 所示为延时回路，图 5－35（a）为延时输出回路，当控制信号切换气动换向阀 4 后，压缩空气经单向节流阀 3 向储气罐 2 充气。当充气压力经过延时升高致使气动换向阀 1 换位时，气动换向阀 1 就有输出。图 5－35（b）为延时接通回路，按下手动换向阀 8，则气缸向外伸出，当气缸在伸出行程中压下行程阀 5 后，压缩空气经节流阀到储气罐 6，延时后才将气动换向阀 7 切换，气缸退回。

图 5-35　延时回路

1，4，7—气动换向阀；2、6－储气罐；3—单向节流阀；5—行程阀；8—手动换向阀

3. 顺序动作回路

顺序动作是指在气动回路中，各个气缸按一定顺序完成各自的动作。例如，单缸有单往复动作、二次往复动作和连续往复动作等；多缸按一定顺序进行单往复或多往复顺序动作等。

① 单往复动作回路：图 5-36 所示为三种单往复动作回路。图 5-36（a）是行程阀控制的单往复动作回路，当按下手动换向阀 1 的手动按钮后压缩空气使气动换向阀 3 换向，活塞杆向前伸出，当活塞杆上的挡铁碰到行程阀 2 时，气动换向阀 3 复位，活塞杆返回。图 5-36（b）是压力控制的往复动作回路，当按下手动换向阀 1 的手动按钮后，气动换向阀 3 阀芯右移，气缸无杆腔进气使活塞杆伸出（右行），同时气压还作用在顺序阀 4 上。当活塞到达终点后，无杆腔压力升高并打开顺序阀，使气动换向阀 3 又切换至右位，活塞杆缩回（左行）。图 5-35（c）是利用延时回路形成的时间控制单往复动作回路，当按下手动换向阀 1 的手动按钮后，气动换向阀 3 换向，气缸活塞杆伸出，当压下行程阀 2 后，延时一段时间后，气动换向阀 3 才能换向，然后活塞杆再缩回。

图 5-36　三种单往复动作回路

1—手动换向阀；2—行程阀；3—气动换向阀；4—顺序阀

扫一扫 ●

FluidSIM仿真视频–双作用气缸的单往复运动控制

由以上可知，在单往复动作回路中，每按下一次按钮，气缸就完成一次往复动作。

② 连续往复动作回路：图 5-37 所示为连续往复动作回路。它能完成连续的动作循环。当按下手动换向阀 1 的按钮后，气动换向阀 4 换向，活塞向前运动，这时由于行程阀 3 复位而将管道封闭，使气动换向阀 4 不能复位，活塞继续前进。到行程终点压下行程阀 2，使气动换向阀 4 控制管道排气，在弹簧作用下气动换向阀 4 复位，气缸返回，在终点压下行程阀 3，在控制压力下气动换向阀 4 又被切换到左位，活塞再次前行。就这样一直

连续往复，只有提起手动换向阀1的按钮后，气动换向阀4复位，活塞返回而停止运动。

图5-37 连续往复动作回路
1—手动换向阀；2，3—行程阀；
4—气动换向阀

4. FluidSIM – P 仿真软件

FluidSIM – P 软件是用于气动技术的教学软件，其运行于 Microsoft Windows 操作系统之上。FluidSIM – P 软件既可与 Festo Didactic GmbH & Co 教学设备一起使用，也可以单独使用。FluidSIM 软件由 Paderborn 大学、Festo Didactic GmbH & Co 和 Art Systems Software GmbH，Paderborn 联合开发研制。

FluidSIM 软件的主要特征就是可与 CAD 功能和仿真功能紧密联系在一起。FluidSIM 软件可对基于元件物理模型的回路图进行实际仿真，这样就使回路图绘制和相应气动系统仿真相一致。

FluidSIM 软件 CAD 功能是专门针对流体而特殊设计的，例如在绘图过程中，FluidSIM 软件将检查各元件之间连接是否可行。FluidSIM 软件的另一个特征就是系统学习概念：FluidSIM 软件可用来自学、教学和多媒体教学气动技术知识。气动元件可以通过文本说明、图形以及介绍其工作原理的动画来描述；各种练习和教学影片讲授了重要回路和气动元件的使用方法。FluidSIM 软件用户界面直观，易于学习。用户可以很快地学会绘制电气–气动回路图，并对其进行仿真。FluidSIM 软件安装盘中含有许多回路图，作为演示和学习资料，这些回路图将在下列各节中使用。

还能用软件模拟呢，学习一下吧！

FluidSIM 软件切换到仿真模式时，启动回路图仿真。鼠标指针形状变为手形。在仿真期间，FluidSIM 软件首先计算所有的电气参数，接着建立气动回路模型。基于所建模型，就可计算气动回路中压力和流量分布。只要计算出结果，管路就用相关颜色表示，且气缸活塞杆伸出。管路颜色含义如表5-4所示。

表5-4 管路颜色含义

颜 色	含 义
暗蓝色	管路中有压力
淡蓝色	管路中无压力
淡红色	电缆，有电流流动

在"选项"菜单下，执行"仿真"命令，用户可以定义颜色与状态值之间匹配关系，暗蓝色管路的颜色浓度与压力相对应，其与最大压力有关。压力值、流量值、电压值和电

流值可在仪表上显示。即使没有仪表，用户也可获得回路图中全部或所选择的变量值。

在 FluidSIM 软件中，仿真是以物理模型为基础，这些物理模型建立是基于 Festo Didactic GmbH & Co 教学设备上的元件，因此计算值应与测量值相一致。实际上，当比较计算值和测量值时，测量值常有较大波动，这主要是由于元件制造误差、管道长度和空气温度等因素造成的。

各变量值计算是气缸精确实时比例动画播放的基础。实时比例可以保证下列性能：若一个气缸比另一个气缸运动快两倍，则这两个气缸之间关系可显示于动画中，即其实时关系保持不变。通过单击回路图中的手控换向阀和手动开关，可实现手动切换。将鼠标指针移到左边手动开关上，当鼠标指针变

图 5-38 冲压折边机气液压系统运行状态图

为手指形时表明该开关可以被操作，当用户单击手动开关时，就可以仿真回路图实际性能。冲压折边机气液系统运行状态图如图 5-38 所示。

任务实施

① 熟悉实训室操作规程，掌握文明操作要求事项；

② 理解气动系统所实现的功能；

③ 初步选择气动元器件，设计气动回路，并分析方案可行性，确定工作计划；

④ 找出对应的功能元件；

⑤ 应用 FluidSIM 软件对气动回路进行仿真；

⑥ 分组展示初步方案，相互讨论，修改方案；

⑦ 按照要求完成安装。

挺有趣的，来操作一下吧！

视频 ●⋯⋯

多缸顺序动作
控制回路

任务评价

序 号	能力点	掌握情况	序 号	能力点	掌握情况
1	安全操作		4	组成部分划分	
2	功能理解		5	元件识别	
3	原理图识别		6	系统安装	

思考与练习

1. 试利用两个双作用气缸、一只顺序阀、一个二位四通单电控换向阀设计顺序动作回路。

2. 什么是延时回路？它相当于电气元件中的什么元件？

3. 双手操作回路为什么能起到保护操作者的作用？

子任务二　气动系统的安装与调试

任务目标

- 应用 FluidSIM 软件；
- 能够按工作要求选用合适的气动控制元件；
- 熟悉各组成元件的作用及所属归类；
- 能够正确连接气动控制元件并实现工作要求。

任务描述

图 5-39 为一个用于实现部件压力装配动作的气动系统原理图，请正确指出该系统的各功能部分，并正确识别各图形符号所对应的元件，按照要求在试验台上进行回路连接。

图 5-39　实现部件压力装配动作的气动系统原理图

知识与技能

1. 气动系统的安装

（1）管道的安装

① 安装前要彻底清理管道内的粉尘及杂物。

② 管道支架要牢固，工作时不得产生振动。

③ 接管时要充分注意密封性，防止漏气，尤其注意管接头处及焊接处。

④ 管路尽量平行布置，减少交叉，力求最短，转弯最少，并考虑到能自由拆装。

⑤ 安装软管要有一定的弯曲半径，不允许有拧扭现象，且应远离热源或安装隔热板。

（2）元件的安装

① 应注意阀的推荐安装位置和标明的安装方向。

② 逻辑元件应按控制回路的需要，将其成组地装在底板上，并在底板上开出气路，用软管接出。

③ 移动缸的中心线与负载作用力的方向重合，否则会引起侧向力，使密封件加速磨损，活塞杆弯曲。

④ 各种自动控制仪表、自动控制器、压力继电器等，在安装前应进行校验。

2. 气动系统的调试

① 调试前的准备：要熟悉说明书等有关技术资料，力求全面了解系统的原理、结构、性能和操作方法，准备好调试工具等。

② 空载运转时间一般不少于 2 h，注意观察压力、流量、温度的变化，如发现异常应立即停车检查。待排除故障后才能继续运转。

③ 负载试运转应分段加载，运转时间一般不少于 4 h，分别测出有关数据，记入试运转记录。

任务实施

学会了，马上就来试一试！

① 合理选择气动元件，选择合适的拆装工具；
② 安装压力装配装置的气动系统，并检查其运行情况；
③ 根据压力装配装置的气动系统的运行情况进行调试。

任务评价

序 号	能力点	掌握情况	序 号	能力点	掌握情况
1	安全操作		4	组成部分划分	
2	功能理解		5	元件识别	
3	原理图识别		6	系统安装	

思考与练习

1. 气动系统管道安装需要注意什么？

2. 气动系统调试前应做好哪些准备？

子任务三　气动系统的使用、维护及故障排除

任务目标

- 掌握气动系统的常规保养方法；
- 熟悉各组成元件的作用及所属归类；
- 能够按工作要求换用合适的气动控制元件；

● 能够分析气路并排除故障。

任务描述

图5-40所示为生产线送料装置，指导老师替换部分元件及管路接口，学生按实现功能找出故障并排除。

图5-40　生产线送料装置

知识与技能

很快就要正式执行检修任务了，还得注意什么呢？

1. 气动系统使用的注意事项

① 开机前后要放掉系统中的冷凝水。

② 定期给油雾器注油。

③ 开机前检查各调节手柄是否在正确位置，控制阀、行程开关、挡块的位置是否正确、牢固，对导轨、活塞杆等外露部分的配合表面进行擦拭。

④ 随时注意压缩空气的清洁度，对空气过滤器的滤芯要定期清洗。

⑤ 设备长期不用时，应将各手柄放松，防止弹簧永久变形，而影响元件的调节性能。

2. 压缩空气的污染及防止方法

压缩空气的质量对气动系统性能的影响极大，它若被污染将使管道和元件锈蚀、密封件变形、堵塞喷嘴，使系统不能正常工作。压缩空气的污染主要来自水分、油分和灰尘三个方面，其污染原因及防止方法如下。

① 水分：空气压缩机吸入的是含水分的湿空气，经压缩后提高了压力，当再度冷却时就要析出冷凝水，侵入到压缩空气中致使管道和元件锈蚀，影响性能。

防止冷凝水侵入压缩空气的方法：及时排除系统各排水阀中积存的冷凝水，经常注意油水分离器、干燥器的工作是否正常，定期清洗空气过滤器、油水分离器的内部元件等。

② 油分：这里是指使用过的因受热而变质的润滑油。空气压缩机使用的一部分润滑油成雾状混入压缩空气中，受热后引起汽化随压缩空气一起进入系统，将使密封件变形，造成空气泄漏，摩擦力增大，导致控制元件和执行元件动作不良，而且还会污染环境。

清除压缩空气中油分的方法有：较大的油分颗粒，通过油水分离器和空气过滤器的分离作用同空气分开，从设备底部排污阀排除；较小的油分颗粒，则可通过活性炭吸附作用清除。

③ 灰尘：压缩空气中的灰尘包括从大气中吸入的物质，因空气中的水分而生成的铁锈及因润滑油变质而生成的碳化物等，灰尘可以用空气过滤器除掉。

3. 气动系统的日常维护

气动系统日常维护的主要内容是冷凝水的管理和系统润滑的管理，这里仅介绍对系统润滑的管理。

气动系统中从控制元件到执行元件，凡有相对运动的表面都需要润滑。若润滑不当，会使摩擦力增大导致元件动作不良，因密封面磨损会引起系统泄漏等危害。

润滑油的性质直接影响润滑效果。通常高温环境下用高黏度润滑油，低温环境下用低黏度润滑油。如果温度特别低，为消除起雾现象可在存油杯内装加热器。供油量是随润滑部位的形状、运动状态及负载大小而变化。供油量总是大于实际需要量。一般以每 10 m³ 自由空气供给 1 mL 的油量为基准。

还要注意油雾器的工作是否正常，如果发现油量没有减少，需及时检修或更换油雾器。

4. 气动系统的定期检修

定期检修的时间间隔，通常为三个月。其主要内容有：

① 查明系统各泄漏处，并设法予以解决。

② 通过对方向控制阀排气口的检查，判断润滑油量是否适度，空气中是否有冷凝水。如果润滑不良，考虑油雾器规格是否合适，安装位置是否恰当，滴油量是否正常等。如果有大量冷凝水排出，要考虑过滤器的安装位置是否恰当，排除冷凝水的装置是否合适，冷凝水的排除是否彻底。如果方向控制阀排气口关闭时，仍有少量泄漏，往往是元件损伤的初期阶段，检查后可更换受磨损元件以防止发生动作不良。

③ 检查溢流阀、紧急安全开关动作是否可靠。定期修检时，必须确认它们动作的可靠性，以确保设备和人身安全。

④ 观察换向阀的动作是否可靠。根据换向时声音是否异常，判定换向阀电磁铁铁心和衔铁配合处是否有杂质。检查铁心是否有磨损，密封件是否老化。

⑤ 反复开关换向阀观察气缸动作，判断活塞上的密封是否良好。检查活塞杆外露部分，判定前盖的配合处是否有泄漏。

上述各项检查和修复的结果应记录下来，以作为设备出现故障查找原因和设备大修时的参考。

气动系统的大修间隔期为一年或几年。其主要内容是检查系统各元件和部件，判定其性能和使用寿命，并对平时产生故障的部位进行检修或更换元件，排除修理间隔期间内一切可能产生故障的因素。

看我的吧!

5. 气动系统故障种类

由于故障发生的时期不同，故障的内容和原因也不同，因此，可将故障分为初期故障、突发故障和老化故障。

① 初期故障：在调试阶段和开始运转的二三个月内发生的故障称为初期故障。其产生原因主要有：零件毛刺没有清除干净，装配不合理或误差较大，零件制造误差或设计不当。

② 突发故障：系统在稳定运行时期内突然发生的故障称为突发故障。例如，存油杯和存水杯都是用聚碳酸酯材料制成的，如果它们在有机溶剂的雾气中工作，就有可能突然破裂；空气或管道中残留的杂质混入元件内部，突然使相对运动件卡死；弹簧突然折断、软管突然爆裂、电磁线圈突然烧毁；突然停电造成回路误动作等。

有些突发故障是有先兆的，如排出的空气中出现杂质和水分，表明过滤器失效，应及时查明原因，予以排除，避免引起突发故障。但有些突发故障是无法预测的，只能采取安全保护措施加以防范或准备一些易损备件，以便及时更换失效的元件。

③ 老化故障：个别或少数元件达到使用寿命后发生的故障称为老化故障。参照系统中各元件的生产日期、开始使用日期、使用的频繁程度以及已经出现的某些征兆，如声音反常、泄漏越来越严重等，可以大致预测老化故障的发生期限。

6. 气动系统故障排除方法

（1）经验法

经验法指依靠实际经验，并借助简单的仪表诊断故障发生的部位，并找出故障原因的方法。经验法可按中医诊断病人的四字"望、闻、问、切"进行。

① 望：例如，看执行元件的运动速度有无异常变化；各测压点的压力表显示的压力是否符合要求，有无大的波动；润滑油的质量和滴油量是否符合要求；冷凝水能否正常排出；换向阀排气口排出空气是否干净；电磁阀的指示灯显示是否正常；紧固螺钉及管接头有无松动；管道有无扭曲和压扁；有无明显振动存在；加工产品质量有无变化等。

② 闻：包括耳闻和鼻闻。例如，气缸及换向阀换向时有无异常声音；系统停止工作但尚未泄压时，各处有无漏气，漏气声音大小及其每天的变化情况；电磁线圈和密封圈有无因过热而发出特殊的气味等。

③ 问：查阅气动系统的技术档案，了解系统的工作程序、运行要求及主要技术参数；查阅产品样本，了解每个元件的作用、结构、功能和性能；查阅维护检查记录，了解日常维护保养工作情况；访问现场操作人员，了解设备运行情况，了解故障发生前的征兆及故障发生时的状况，了解曾经出现过的故障及其排除方法。

④ 切：例如触摸相对运动件外部的手感和温度，电磁线圈处的温升等。触摸 2 s 感到烫手，则应查明原因。另外，还要查明气缸、管道等处有无振动，气缸有无爬行，各管接头处及元件处手感有无漏气等。

经验法简单易行，但由于每个人的感觉、实践经验和判断能力的差异，诊断故障会存在一定的局限性。

（2）推理分析法

推理分析法是利用逻辑推理、步步逼近，寻找出故障真实原因的方法。

检查要注重细节！

① 推理步骤。从故障的症状推理出故障的真正原因，可按下面三步进行：

a. 从故障的症状，推理出故障的本质原因。

b. 从故障的本质原因，推理出故障可能存在的原因。

c. 从各种可能的常见原因中，找出故障的真实原因。

② 推理方法。推理的原则：由简到繁、由易到难、由表及里逐一进行分析，排除掉不可能的和非主要的故障原因；故障发生前曾调整或更换过的元件先查；优先检查故障概率高的常见原因。主要方法如下：

a. 仪表分析法。利用检测仪器仪表，如压力表、压差计、电压表、温度计、电秒表及其他电仪器等，检查系统或元件的技术参数是否合乎要求。

b. 部分停止法。暂时停止气动系统某部分的工作，观察对故障征兆的影响。

c. 试探反证法。试探性地改变气动系统中部分工作条件，观察对故障征兆的影响。

d. 比较法。用标准的或合格的元件代替系统中相同的元件，通过工作状况的对比，来判断被更换的元件是否失效。

任务实施

① 熟悉实训室操作规程，掌握文明操作要求事项；

② 读懂气压系统原理图，理解气压系统所实现的功能；

③ 找出系统故障并排除。

任务评价

序　号	能力点	掌握情况	序　号	能力点	掌握情况
1	安全操作		4	错误识别	
2	功能理解		5	系统调试	
3	原理图识别				

思考与练习

1. 气动系统有哪些主要故障？

2. 气动系统的日常维护的重点在哪里？

3. 气动系统故障诊断方法有哪些？

附录 A

常用液压图形符号

常用液压图形符号（摘自 GB/T786.1—2009）

（1）液压泵、液压马达和液压缸

描　述	图　形	描　述	图　形
液压泵一般符号		液压源一般符号	
变量泵		单向旋转的定量泵或马达	
双向变量泵或马达单元，双向流动，带外泄油路，双向旋转		双向流动，带外泄油路单向旋转的变量泵	
操纵杆控制，限制转盘角度的泵		单作用的半摆动执行器或旋转驱动	
限制摆动角度，双向流动的摆动执行器或旋转驱动		单作用单杆缸，靠弹簧力返回行程，弹簧腔带连接口	
双作用单杆缸		单作用伸缩缸	
双作用双杆缸，活塞杆直径不同，双侧缓冲，右侧带调节		行程两端定位的双作用缸	
单作用缸、柱塞缸		双作用缆绳式无杆缸，活塞两端带可调节终点位置缓冲	
双作用伸缩缸		双作用带状无杆缸，活塞两端带终点位置缓冲	

续表

描　述	图　形	描　述	图　形
波纹管缸		软管缸	
气压源		电动机	

（2）机械控制装置和控制方法

描　述	图　形	描　述	图　形
带有分离把手和定位销的控制机构		具有可调行程限制装置的顶杆	
带有定位装置的推或拉控制机构		手动锁定控制机构	
具有 5 个锁定位置的调节控制机构		用作单方向行程操纵的滚轮杠杆	
使用步进电机的控制机构		单作用电磁铁，动作指向阀芯	
单作用电磁铁，动作背离阀芯		双作用电气控制机构，动作指向或背离阀芯	
单作用电磁铁，动作指向阀芯，连续控制		单作用电磁铁，动作背离阀芯，连续控制	
双作用电气控制机构，动作指向或背离阀芯，连续控制		电气操纵的气动先导控制机构	
电气操纵的带有外部供油的液压先导控制机构		机械反馈	

（3）控制阀

描　述	图　形	描　述	图　形
二位二通方向控制阀，两通、二位，推压控制机构，弹簧复位，常闭		二位二通方向控制阀，两通、二位，电磁铁操纵，弹簧复位，常开	

描 述	图 形	描 述	图 形
二位四通方向控制阀，电磁铁操纵，弹簧复位		二位三通锁定阀	
二位三通方向控制阀，滚轮杠杆控制，弹簧复位		二位三通方向控制阀，电磁铁操纵，弹簧复位，常闭	
二位三通方向控制阀		二位四通方向控制阀，单电磁铁操纵	
二位四通方向控制阀，电磁铁操纵液压先导控制，弹簧复位		三位五通方向控制阀，定位销式各位置杠杆控制	
三位四通方向控制阀，电磁铁操纵先导级和液压操作主阀，主阀及先导级弹簧对中，外部先导供油和先导回油		三位四通方向控制阀，弹簧对中，双电磁铁直接操纵，不同中位机能的类别	
溢流阀，直动式，开启压力由弹簧调节			
顺序阀，带有旁通阀		顺序阀，手动调节设定值	
防气蚀溢流阀，用来保护两条供给管道		二通减压阀，直动式，外泄型	
二通减压阀，先导式、外泄型		电磁溢流阀，先导式，电气操纵预设定压力	
可调节流量控制阀		蓄能器充液阀，带有固定开关压力差	

续表

描 述	图 形	描 述	图 形
三通流量控制阀，可调节，将输入流量分成固定流量和剩余流量		可调节流量控制阀，单向自由流动	
流量控制阀，滚轮杠杆操纵，弹簧复位		二通流量控制阀，可调节，带旁通阀，固定设置，单向流动，基本与黏度和压力差无关	
集流阀，保持两路输入流量相互恒定		分流器，将输入流量分成两路输出	
单向阀，带有复位弹簧，只能在一个方向流动，常闭		单向阀，只能在一个方向自由流动	
先导式液控单向阀，带有复位弹簧，先导压力允许在两个方向自由流动		双单向阀，先导式	
直动式比例方向控制阀		梭阀（"或"逻辑），压力高的入口自动与出口接通	
先导式比例方向控制阀，带主级和先导级的闭环位置控制，集成电子器件		比例方向控制阀直接控制	
先导式伺服阀，先导级带双线圈电气控制机构，双向连续控制，阀芯位置机械反馈到先导装置，集成电子器件		伺服阀，内置电反馈和集成电子器件，带预设动力故障装置	
比例溢流阀，直控式，通过电磁铁控制弹簧工作长度来控制液压电磁换向座阀		先导式伺服阀，带主级和先导级的闭环位置控制，集成电子器件，外部先导供油和回油	

237

描 述	图 形	描 述	图 形
比例溢流阀，直控式，带电磁铁位置闭环控制，集成电子器件		比例溢流阀，直控式，电磁力直接作用在阀芯上，集成电子器件	
比例流量控制阀，直控式		比例溢流阀，先导控制，带电磁铁位置反馈	
压力控制和方向控制插装阀插件，座阀结构，面积比 1:1		流量控制阀，用双线圈比例电磁铁控制，节流孔可变，特性不受黏度变化影响	
方向控制插装阀插件，座阀结构，面积比例 ≤0.7		压力控制和方向控制插装阀插件，座阀结构，常开，面积比 1:1	
主动控制的方向控制插装阀插件，座阀结构，由先导压力打开		方向控制插装阀插件，座阀结构，面积比例 >0.7	
比例溢流阀，直控式，带电磁铁位置闭环控制，集成电子器件		主动控制插件，B 端无面积差	
不同中位流路的三位五通气动方向控制阀，弹簧复位至中位		比例溢流阀，先导控制，带电磁铁位置反馈	

（4）辅助元件

描 述	图 形	描 述	图 形
软管总成		三通旋转接头	
可调节的机械电子压力继电器		模拟信号输出压力传感器	

续表

描 述	图 形	描 述	图 形
液位指示器（液位计）		流量指示器	
油箱，管端在液面上		流量计	
压力测量单元（压力表）		温度计	
过滤器		带旁路节流的过滤器	
液体冷却的冷却器		不带冷却液流道指示的冷却器	
温度调节器		加热器	
活塞式蓄能器		隔膜式蓄能器	

（5）基本要素、功能要素、管路

描 述	图 形	描 述	图 形
供油管路、回油管路、元件外壳和外壳符号		组合元件框线	
内部和外部先导（控制）管路、泄油管路、冲洗管路、放气管路		两个流体管路的连接	
两个流体管路的连接（在一个符号内表示）		软管管路	
封闭管路或接口		流体流过阀的路径和方向	

239

描　述	图　形	描　述	图　形
流体流过阀的路径和方向		阀内部的流动路径	
阀内部的流动路径		阀内部的流动路径	
阀内部的流动路径		流体流动的方向	
缸的活塞		活塞杆	
元件：压力容器；蓄能器；波纹管执行		液压源	
回到油箱		两条管路交叉没有节点，表明它们之间没有连接	
带单向阀的快换接头		连接管路，两管路相交连接	

（6）空气压缩机、气马达和气缸

描　述	图　形	描　述	图　形
单作用的半摆动气缸或摆动马达		单作用单杆缸，靠弹簧力返回行程，弹簧腔室有连接口	

续表

描　述	图　形	描　述	图　形
马达		双作用单杆缸	
空气压缩机		双作用双杆缸，活塞杆直径不同，双侧缓冲，右侧带调节	
双作用磁性无杆缸，仅右手终端位置切换		双作用带状无杆缸，活塞两端带终点位置缓冲	

（7）气源、辅件

描　述	图　形	描　述	图　形
气源处理装置，包括手动排水过滤器、手动调节式溢流调压阀、压力表和油雾器。上图为详细示意图，下图为简化图		手动排水流体分离器	
真空发生器		带手动排水分离器的过滤器	
气罐		油雾器	
空气干燥器		手动排水式油雾器	

参 考 文 献

［1］张世亮．液压与气动技术［M］．北京：机械工业出版社，2006.

［2］张玉莲．液压气压传动与控制［M］．浙江：浙江大学出版社，2006.

［3］张安全，王德洪．液压气动技术与实训［M］．北京：人民邮电出版社，2007.

［4］毛好喜．液压与气动技术［M］．北京：人民邮电出版社，2009.

［5］左键民．液压与气压传动［M］．北京：机械工业出版社，1998.

［6］张宏友．液压与气动技术［M］．大连：大连理工大学出版社，2009.

［7］丁树模．液压传动［M］．北京：机械工业出版社，2006.

［8］兰建设．液压与气压传动［M］．北京：高等教育出版社，2002.

［9］雷天觉．液压工程手册［M］．北京：机械工业出版社，1996.

［10］姜佩东．液压与气动技术［M］．北京：高等教育出版社，2004.

［11］邵俊鹏．液压系统设计禁忌［M］．北京：机械工业出版社，2008.

［12］朱梅．液压与气动技术［M］．西安：西安电子科技大学出版社，2007.

［13］陈奎生．液压与气压传动［M］．武汉：武汉理工大学出版社，2001.

［14］陆一心．液压阀使用手册［M］．北京：化学工业出版社，2009.

［15］路甬祥．液压气动技术手册［M］．北京：机械工业出版社，2006.

［16］谢仁明．液压与气动技术［M］．北京：人民邮电出版社，2007.